“十二五”职业教育国家规划教材
经全国职业教育教材审定委员会审定

照明线路安装与检修

主　编　姚永佳
参　编　徐永健　黄丽吉

本书是经全国职业教育教材审定委员会审定的“十二五”职业教育国家规划教材，是根据教育部于2014年公布的《中等职业学校电气运行与控制专业教学标准》，同时参考维修电工职业资格标准编写的。

本书共编排了四个项目，主要内容包括认识照明线路、办公室照明线路安装与检修、家居照明线路安装与检修、小区公共照明控制箱安装与检修。项目内容由浅入深，涵盖照明线路的基本知识与安装检修技能，同时将照明线路相关安全规程融入其中。本书以项目为载体进行编写，有利于组织开展项目教学。项目流程贴近生产实际，项目内容科学实用，有利于激发学生的学习积极性，提高学习效果。

本书可作为中等职业学校电气运行与控制专业、机电技术应用专业教材，也可作为维修电工、水电工岗位培训教材。

图书在版编目（CIP）数据

照明线路安装与检修/姚永佳主编. —北京：机械工业出版社，2015.9（2024.1重印）
“十二五”职业教育国家规划教材
ISBN 978-7-111-50606-5

Ⅰ.①照… Ⅱ.①姚… Ⅲ.①电气照明-设备安装-中等专业学校-教材 ②电气照明-设备检修-中等专业学校-教材 Ⅳ.①TM923

中国版本图书馆CIP数据核字（2015）第136900号

机械工业出版社（北京市百万庄大街22号 邮政编码100037）
策划编辑：郑振刚 责任编辑：赵红梅
责任校对：潘 蕊 封面设计：张 静
责任印制：刘 媛
北京中科印刷有限公司印刷
2024年1月第1版第11次印刷
184mm×260mm · 6.75印张 · 162千字
标准书号：ISBN 978-7-111-50606-5
定价：25.00元

电话服务
客服电话：010-88361066
010-88379833
010-68326294

网络服务
机 工 官 网：www.cmpbook.com
机 工 官 博：weibo.com/cmp1952
金 书 网：www.golden-book.com
机工教育服务网：www.cmpedu.com

前　言

本书是根据教育部《关于中等职业教育专业技能课教材选题立项的函》(教职成司[2012] 95号)，由全国机械职业教育教学指导委员会和机械工业出版社联合组织编写的“十二五”职业教育国家规划教材，是根据教育部于2014年公布的《中等职业学校中等职业学校电气运行与控制专业教学标准》，同时参考维修电工职业资格标准编写的。

本书主要介绍照明线路安装检修的基本知识与基本技能，重点强调培养中职学生应用知识与技能的能力和岗位适应能力，力求体现对接岗位需求、理实一体、任务引领等教学理念，具体如下：

1. 执行新标准　本书依据最新教学标准和课程大纲要求开展编写工作，项目设计与内容选取对接职业标准和岗位需求，体现理论与实践、技能与岗位的融合。

2. 体现新模式　本书以项目为载体，采用理实一体化的编写模式，教学过程突出过程导向、任务驱动的理念，为实现“做中教，做中学”的职业教育特色创造了条件。

本书在内容处理及教学安排上需注意以下几点：①项目一为基础性教学内容，让学生对照明线路及相关知识技能有所认识，后面的三个项目均来自生产生活实际，进行项目实施时应设计好教学场景；②三个实施项目都以过程为引导，各环节的把控与施工质量关系密切，有助于学生形成良好的职业习惯；③相关知识融入项目之中，教学过程不能忽视学生相关知识的获取，为学生可持续发展奠定基础；④本书建议学时为54学时，学时分配建议如下(有条件的学校可适当延长学时，以提高学生的技能熟练程度)。

项目序号	项目内容	建议学时
项目一	认识照明线路	7
项目二	办公室照明线路安装与检修	14
项目三	家居照明线路安装与检修	14
项目四	小区公共照明控制箱安装与检修	14
	技能考核	5

全书共四个项目，由上海市工程技术管理学校姚永佳任主编，并负责编写项目一、项目四及全书统稿，福建工业学校黄丽吉负责编写项目二，广西石化高级技工学校徐永健负责编写项目三。本书经全国职业教育教材审定委员会审定，评审专家对本书提出了宝贵的建议，在此对他们表示衷心的感谢！编写过程中，编者参阅了国内外出版的有关教材和资料，在此一并表示衷心的感谢！

由于编者水平有限，书中不妥之处在所难免，恳请读者批评指正。

编　者

目　录

项目一 认识照明线路

电能作为理想的清洁能源，使用范围遍及人类发展的每个角落，特别是在照明领域的应用，是电能应用的重要组成部分。在电气安装与维修技术中，照明线路的安装与检修占据着十分重要的地位。要从事照明线路的安装与维修，必须了解有关电气照明的基本知识和技能，这也是成为电气作业人员的基础。

任务一 基础知识准备

【任务描述】

本任务是知识型学习任务，通过观察图片、网络检索等途径，了解单相交流电的基本知识、照明线路基本控制方式、常用照明器具特点、照明线路安装规范等。

【能力目标】

1）了解交流电的基本知识及单相交流电的主要技术指标。

2）了解照明线路的基本组成及常用照明控制方式。

3）了解常用的照明器具及选用原则，会合理选用常用照明器具。

4）掌握相关安全用电知识。

【知识链接】

一、交流电的基本知识

电的常规分类如图 1-1 所示。

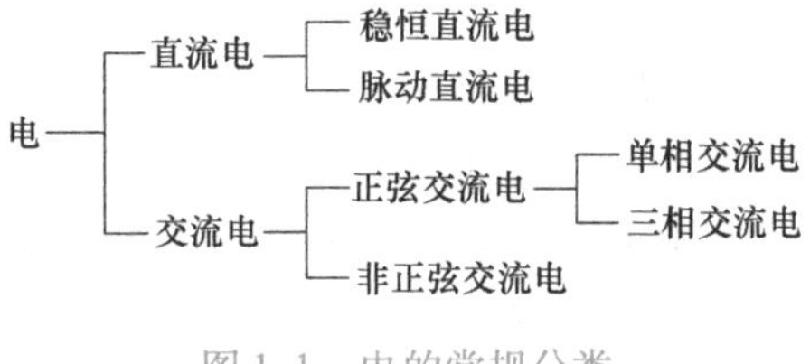

图 1-1 电的常规分类

直流电我们比较熟悉，中学物理及电工基础学习中常用直流电作为各种电工实验的电源，干电池、蓄电池、手机电池、稳压电源等均可提供直流电。

交流电是指电流的大小和方向都随时间按照规律变化。目前，工农业生产及日常生活所使用的电能主要是交流电。我国使用的交流电频率为50Hz。工农业生产一般使用三相交流电，而照明线路一般采用单相交流电。

单相交流电压为220V，采用两线制输送，其中一根为相线（俗称“火线”），用字母“L”表示，导线颜色通常为红色；另一根为中性线（俗称“零线”、“地线”），用字母“N”表示，导线颜色通常为黑色。照明线路一般采用交流220V单相，特殊场合使用交流36V、24V、12V等电源。

二、照明线路的常用控制方式

电气照明按其用途不同分为生活照明、工作照明和事故照明三种类型。生活照明是指人们日常生活所需要的照明，属于一般照明；工作照明是指人们从事生产劳动、工作学习、科学研究和实验所需要的照明；事故照明是在可能因停电造成事故或较大损失的场所安装的照明设备，一旦正常的生活照明或工作照明出现故障，它能自动接通电源，代替原有照明。

照明线路常用控制方式有两种，即单联开关控制方式和双联开关控制方式。单联开关控制方式是最简单且最常用的控制方式，即由一个开关控制一个或几个照明灯具，控制电路如图1-2所示。双联开关控制方式是由两个开关控制一个照明灯具，实现两地控制。楼道、卧室等场所常用到此种控制方式，双联开关控制电路如图1-3所示。照明线路的控制原理及安装方法将在以后的项目中学习。

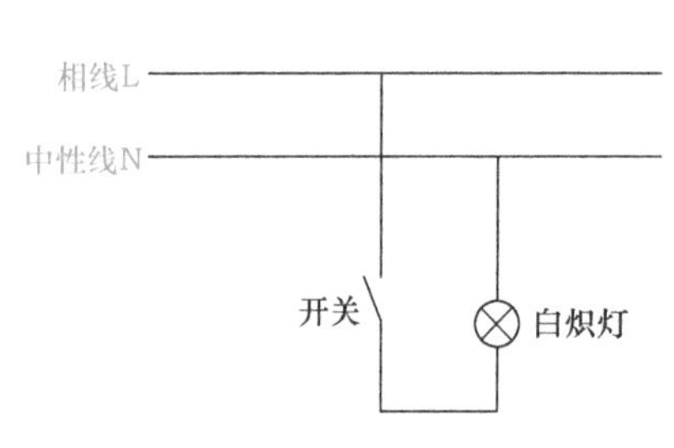

图1-2　单联开关控制电路

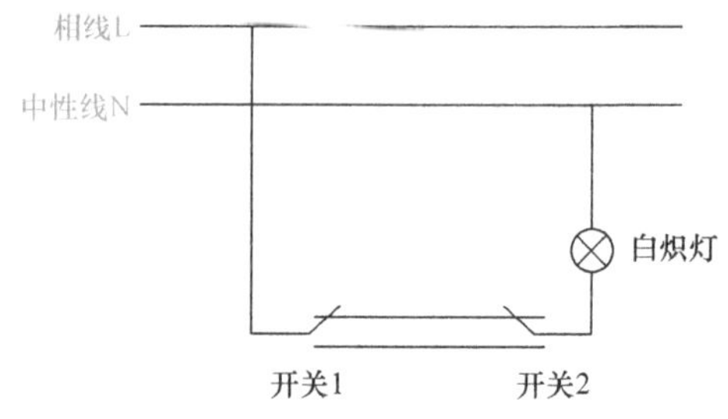

图1-3　双联开关控制电路

三、常用照明器具及特点

照明器具是将电能转化为光能的装置，即光源。常用电光源及其特点如下：

1. 白炽灯

白炽灯是目前使用得最为广泛的光源。它具有结构简单、使用可靠、安装维修方便、价格低廉、光色柔和、可适用于各种场所等优点，缺点是发光效率低、使用寿命短。因此正逐步被节能灯、LED所替代。白炽灯通常有插口式和螺旋式两种，如图1-4所示，螺旋式白炽灯安装时必须保证螺纹极接在电源中性线上。白炽灯的主要技术参数包括额定电压、功率及安装口径，这是在选用时必须考虑的参数。

2. 荧光灯

荧光灯也是目前广泛使用的照明光源。其使用寿命比白炽灯长2~3倍，发光效率比白

炽灯高4倍。荧光灯附件较多，造价较高，功率因数低（0.5左右），而且故障率比白炽灯高，安装维修比白炽灯难度大。但由于它优点特别突出，所以使用仍然很广泛。荧光灯主要由灯管、镇流器和辉光启动器等部分组成，如图1-5所示，镇流器有电感式和电子式两种，电感式镇流器需要与辉光启动器配合使用，而电子式镇流器则不需要辉光启动器。

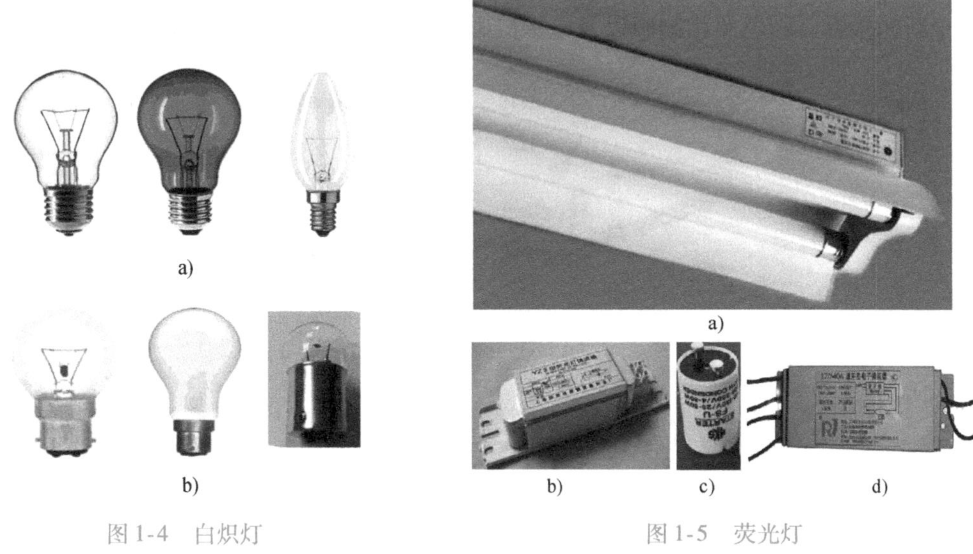

图1-4　白炽灯

a）螺旋式白炽灯　b）插口式白炽灯

图1-5　荧光灯

a）灯管　b）电感镇流器　c）辉光启动器　d）电子镇流器

3. 高压汞灯

高压汞灯又叫高压水银灯，其使用寿命是白炽灯的2.5～5倍，发光效率是白炽灯的3倍，耐振、耐热性能好、线路简单、安装维修方便。其缺点是造价高、启辉时间长、对电压波动适应能力差、一旦熄灭再启辉需要一定时间的延时。高压汞灯分为自镇流型和他镇流型两种类型，自镇流型高压汞灯直接接入电源工作，他镇流型高压汞灯则需要与镇流器配合使用。高压汞灯如图1-6所示。

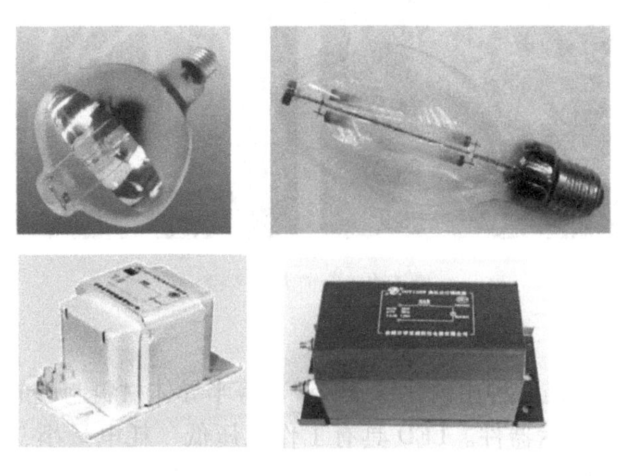

图1-6　高压汞灯

4. 碘钨灯

碘钨灯构造简单、使用可靠、光色好、体积小、功率大、发光效率比白炽灯高30%左右且安装维修方便。根据用途的不同，碘钨灯可分几种：第一种碘钨灯能发出大量看不见的红外线，热效率高，用于加热干燥设备；第二种碘钨灯功率大，可辐射出大量的光能，用于大型车间、广场、体育场、机场、港口等处的照明；第三种碘钨灯功率高、体积小、重量轻，用于新闻摄影、彩色照相制版以及电影摄影、放映的光源。碘钨灯如图1-7所示。

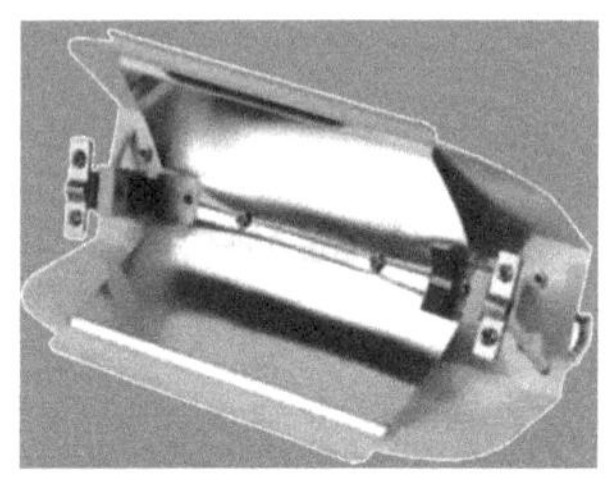

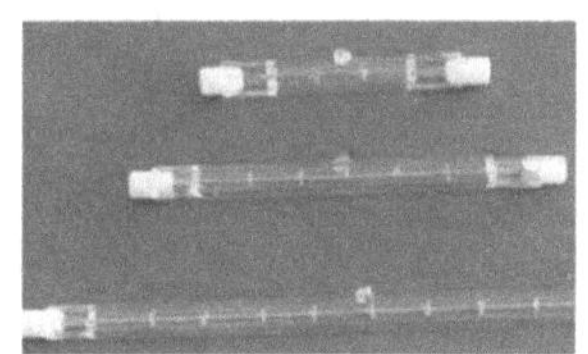
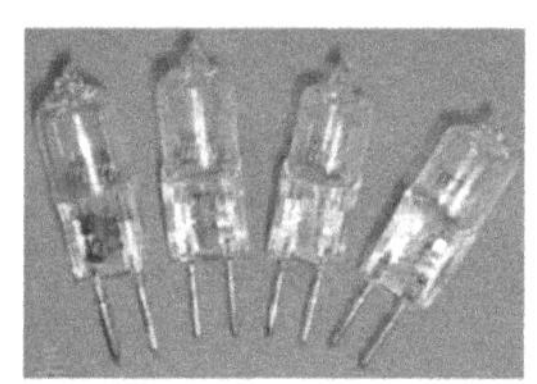

图1-7　碘钨灯

5. 霓虹灯

霓虹灯是一种低气压冷阳极辉光放电发光的光源。管内充有非金属元素或金属元素，它们在电离状态下，不同的元素能发出不同的色光，广泛用于大、中、小城镇的夜间宣传广告。霓虹灯配有专用电源变压器，供电电压一般为4000～15000V。霓虹灯效果图如图1-8所示。

图1-8　霓虹灯效果图

6. LED

发光二极管（LED）是一种由磷化镓（GaP）等半导体材料制成的，它是一种能直接将电能转变成光能的发光显示器件。LED具有工作电压低、耗电量小、发光效率高、发光响应时间极短、光色纯、结构牢固、抗冲击、耐振动、性能稳定可靠、重量轻、体积小和成本低等一系列特性，是新一代理想的节能光源。LED照明灯具如图1-9所示。

图 1-9 LED 照明灯具

四、照明线路安装规范与安全

电工作业时必须穿戴防护用品，必须两人以上同时进行，严禁带电作业。电工实训必须在老师的指导下进行，严禁私自通电。多人使用同一电源时，合闸前必须提示相关人员。

导线与导线之间、导线与开关灯具之间的连接必须牢固可靠，防止因接触不良而影响照明器具的使用，严重时会烧坏电气设备甚至造成更大的危害。

灯具安装方式通常采用悬吊式（悬挂式）、平装式（吸顶式或壁式）和管接式等几种，安装必须牢固，最低悬挂高度一般不低于 2.5m。

普通灯具开关和普通插座距地面的高度不应低于 1.3m，因特殊需要降低插座时，其高度不能低于地面 150mm，并换用安全插座。幼儿园等有儿童活动的场所不得降低开关和插座的安装高度，不能使用地面插座。

开关安装遵循“相线进开关”的原则，确保开关断开后照明器具不带电。

安装螺旋式灯座（头）时，必须将相线（火线）接入中心极，确保螺纹极为中性线。

插座安装遵循“左零右相、下零上相”的原则，即插座孔左右排列时，左侧孔为零线；插座孔上下排列时，下孔为零线。安装单相三孔插座时遵循“左零右相上为地”原则，且上插孔必须安装安全接地线，安全接地线采用蓝黄双色线。

易燃易爆场所应选用防爆型开关和照明器具，确保用电安全。浴室等潮湿场所应选用防水型开关灯具，并根据要求降低照明电源电压。

【任务实施】

电气作业人员需要牢记十六字准则：“装得安全、拆得彻底、修得及时、用得正确”。

请根据这个准则，结合相关理论，完成以下几项任务。

1）寻找身边用电不安全的事例，根据所学内容，分析原因及解决方法。

2）图 1-10 所示中存在哪些不安全因素，分析成因，提出解决方案。

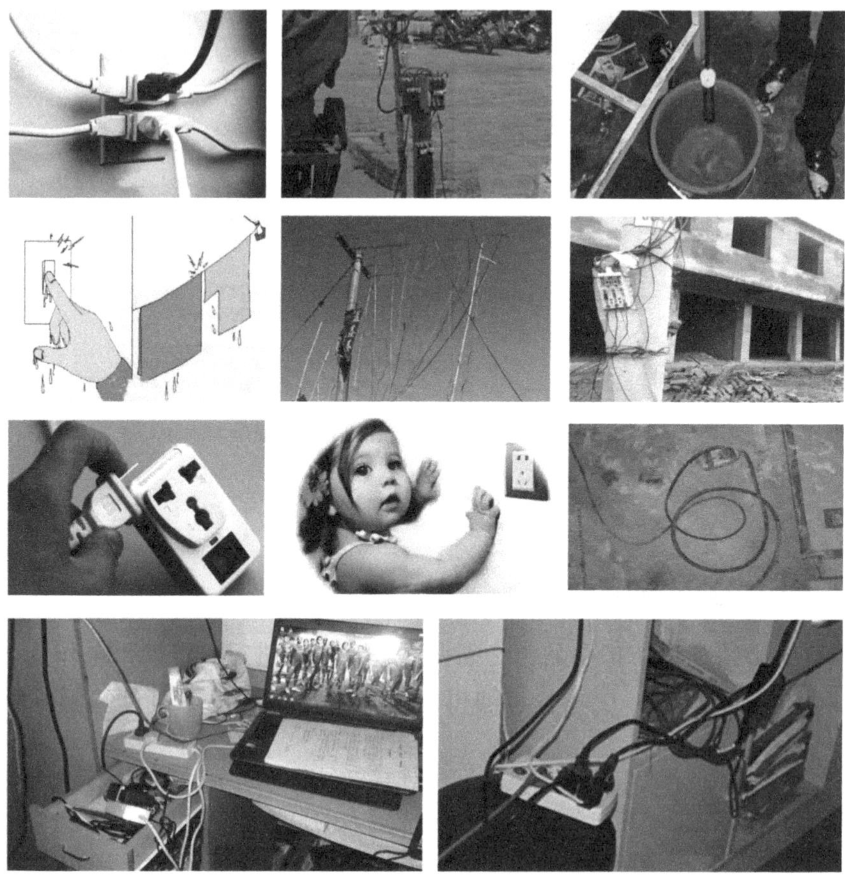

图 1-10　不安全用电场景

3）小组查阅“6S”管理知识，并围绕“如何规范电工实训”展开小组讨论，并将讨论情况做好详细记录，并填入表 1-1 中。

表 1-1　讨论情况记录表

组长		记录	
组员			
主要内容：			

【任务评价】

根据表 1-2 的内容，结合学生任务完成情况，给每位学生一个评价意见。

表 1-2　综合评价表

任务名称：　　　　　　　　　　　班级：　　　　姓名：

<table>
<tr><td colspan="5">任务评价</td></tr>
<tr><td>序号</td><td>工作内容</td><td>个人评价</td><td>小组评价</td><td>教师评价</td></tr>
<tr><td>1</td><td>身边不安全用电的事例解析</td><td></td><td></td><td></td></tr>
<tr><td>2</td><td>安全用电图片分析</td><td></td><td></td><td></td></tr>
<tr><td>3</td><td>6S 管理知识学习讨论</td><td></td><td></td><td></td></tr>
<tr><td></td><td>平均得分</td><td></td><td></td><td></td></tr>
<tr><td colspan="2">问题记录和解决方法</td><td colspan="3">记录任务实施过程中出现的问题和采取的解决办法（可附页）</td></tr>
<tr><td colspan="5">能力评价</td></tr>
<tr><td colspan="3">内　容</td><td colspan="2">评　价</td></tr>
<tr><td>学习目标</td><td colspan="2">评价项目</td><td>小组评价</td><td>教师评价</td></tr>
<tr><td>应知应会</td><td colspan="2">相关基本概念是否熟悉</td><td>□Yes　□No</td><td>□Yes　□No</td></tr>
<tr><td>规范与安全</td><td colspan="2">正确分析安全用电实例</td><td>□Yes　□No</td><td>□Yes　□No</td></tr>
<tr><td rowspan="5">通用能力</td><td colspan="2">团队合作能力</td><td>□Yes　□No</td><td>□Yes　□No</td></tr>
<tr><td colspan="2">沟通协调能力</td><td>□Yes　□No</td><td>□Yes　□No</td></tr>
<tr><td colspan="2">解决问题能力</td><td>□Yes　□No</td><td>□Yes　□No</td></tr>
<tr><td colspan="2">自我管理能力</td><td>□Yes　□No</td><td>□Yes　□No</td></tr>
<tr><td colspan="2">创新能力</td><td>□Yes　□No</td><td>□Yes　□No</td></tr>
<tr><td rowspan="3">态度</td><td colspan="2">爱岗敬业</td><td>□Yes　□No</td><td>□Yes　□No</td></tr>
<tr><td colspan="2">善于思考</td><td>□Yes　□No</td><td>□Yes　□No</td></tr>
<tr><td colspan="2">卫生态度</td><td>□Yes　□No</td><td>□Yes　□No</td></tr>
<tr><td>个人努力方向</td><td colspan="4"></td></tr>
<tr><td>教师、同学建议</td><td colspan="4"></td></tr>
</table>

【思考与练习】

1. 什么是正弦交流电？
2. 交流电可以转变成直流电吗？这个过程称什么？
3. 直流电可以转变成交流电吗？这个过程称什么？
4. 请分别列举几种常用的交流电源和直流电源？
5. 白炽灯主要有几种？安装使用时应注意哪些事项？
6. 日光灯启动时都需要辉光启动器吗？什么情况下不需要辉光启动器？
7. 照相机用闪光灯属哪类光源？请通过网络信息寻找正确答案。
8. 通常情况下照明开关插座安装的高度为多少？插座电极的安装原则是什么？

任务二

电工工具种类繁多，规格型号复杂，每个电气作业人员必须了解各种工具的性能作用，合理选用电工工具，提高工作效率及安装质量。常用的电工工具包括钢丝钳、尖嘴钳、断线钳、剥线钳、电工刀、螺钉旋具等，常用的测量仪表有万用表、钳形电流表、绝缘电阻表等。本任务要求大家了解并能正确使用常用电工工具及测量仪表，掌握常用工具的使用技巧。

【任务描述】

任务实施前，每个小组将会领到一套电工工具和一个万用表。在老师的指导下逐一认识电工工具，了解各工具的特点，并通过简单的操作了解工具的使用方法和技巧，最终达到熟练操作的目标。

【能力目标】

1）熟悉常用电工工具的结构特点。
2）会正确选择并熟练使用常用电工工具。
3）会正确保养常用电工工具。
4）了解典型电工工具。
5）了解万用表的结构特点，能正确使用万用表。

【知识链接】

一、验电器

验电器也称验电笔，俗称电笔，是用来检测导线、电器和电气设备的金属外壳是否带电的一种电工工具，验电器结构如图 1-11 所示。根据外形可分为钢笔式验电器和螺钉旋具式验电器两种；根据测量电压的高低可分为低压验电器和高压验电器。低压验电器测量范围是 50～500V。

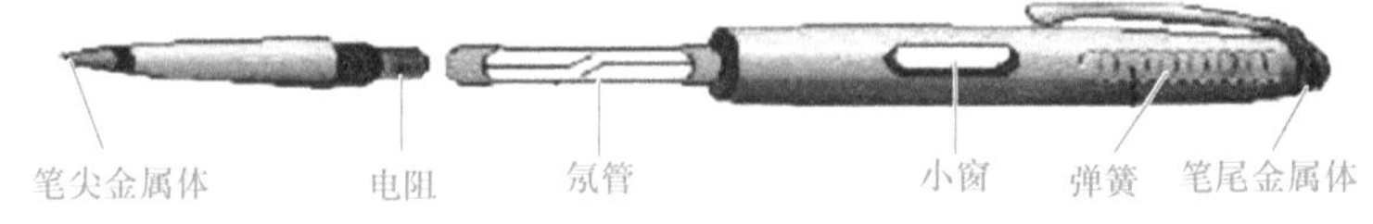

图 1-11　验电器结构图

使用验电器时，中指和拇指持验电器笔身，食指接触笔尾金属体或笔挂，如图 1-12 所示。当带电体与接地之间电位差大于 60V 时，氖管产生辉光，证明有电。注意：人手接触验电器部位一定要在验电器的金属笔盖或者笔挂，绝对不能接触笔尖的金属体，以免发生触电。

使用注意事项包括：使用验电器之前应先检查验电器内是否装有安全电阻，然后检查验电器是否损坏、是否受潮或有进水现象，检查合格后方可使用；在使用验电器测量电气设备

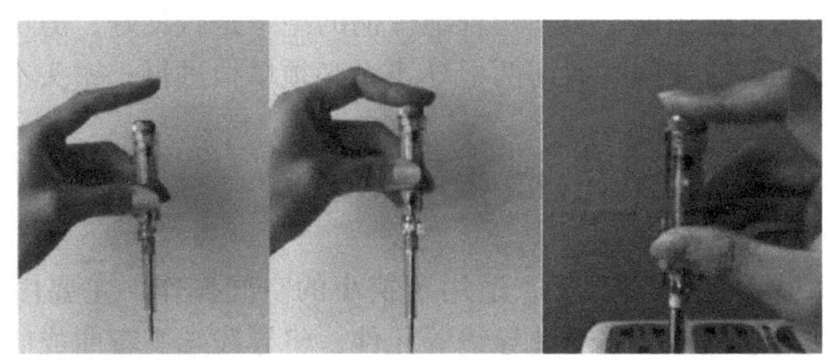

图 1-12　验电器使用

是否带电之前，先要将验电器在确保有电的电源上测试一下氖管能否正常发光，如能正常发光，方可使用；在明亮的光线下使用验电器测量带电体时，应注意避光，以免因光线太强而不易观察氖管是否发光，造成误判；螺钉旋具式验电器前端金属体较长，应加装绝缘套管，避免测试时造成短路或触电事故；使用完毕后，要保持验电器清洁，并放置在干燥处，严防碰摔。

关于高压验电器的相关知识这里不作介绍，学生可自行查阅相关资料。

二、钢丝钳（老虎钳）

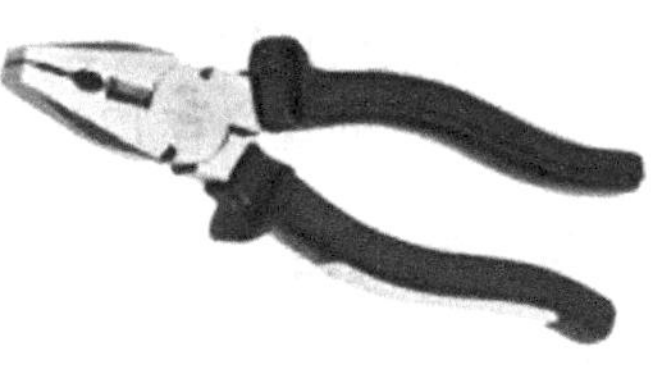

图 1-13　钢丝钳

钢丝钳的结构包括钳头、钳柄和钳柄绝缘套，耐压 500V，如图 1-13 所示。钳身长度的规格有 160mm、180mm、200mm 三种；钳头由钳口、齿口、刀口和铡口四部分组成，其中钳口用来弯绞和钳夹导线线头；齿口用来紧固或起松螺母；刀口用来剪切或剖削软导线绝缘层；铡口用来铡切导线线芯、钢丝或铅丝等较硬金属丝。钢丝钳结构与使用如图 1-14 所示。

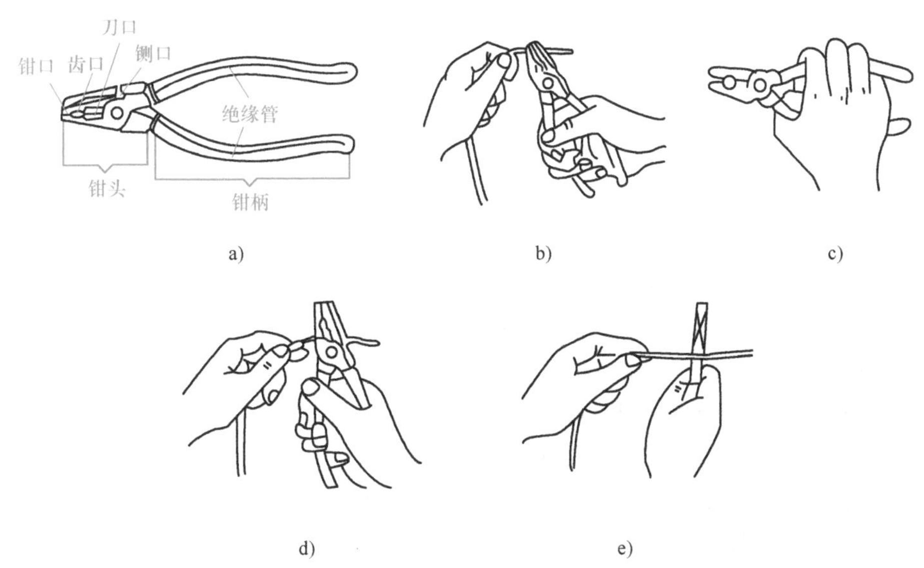

图 1-14　钢丝钳结构与使用

a）结构　b）弯绞导线（钳口）　c）扳旋螺母（齿口）　d）剪切导线（刀口）　e）铡切钢丝（铡口）

使用注意事项包括：使用前，必须检查绝缘柄的绝缘是否良好；剪切带电导线时，不得用刀口同时剪切相线和零线或同时剪切两根导线，必须单根进行；钳头不可代替锤子作为敲打工具使用。

三、尖嘴钳

尖嘴钳如图 1-15 所示，头部很尖，适用于狭小的空间操作，主要用于切断和弯曲细小的导线、金属丝，夹持小螺钉、垫圈及导线等元件，将导线端头弯曲成所需的各种形状。

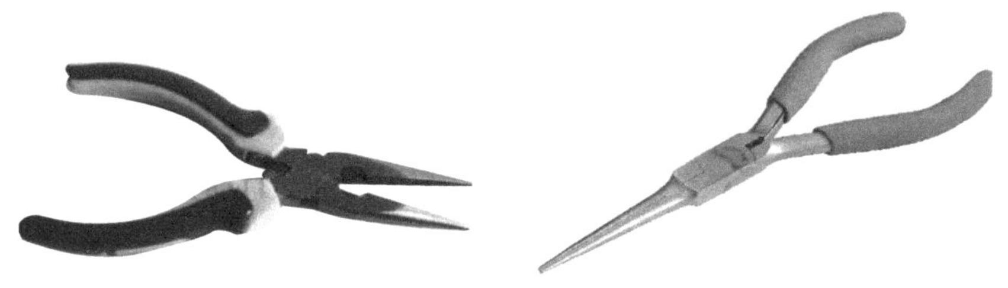

图 1-15　尖嘴钳

尖嘴钳结构包括钳头、钳柄和钳柄绝缘套，耐压 500V 以上。

钳身长度的规格有 125mm、140mm、160mm、180mm、200mm 五种。

四、断线钳

断线钳又称斜口钳，如图 1-16 所示，其结构包括钳头、钳柄和绝缘套（耐压 500V）。其钳身长度的规格有 125mm、140mm、160mm、180mm、200mm 五种。断线钳主要用于剪断较粗的电线、金属丝和导线电缆，可剪断低压带电导线。

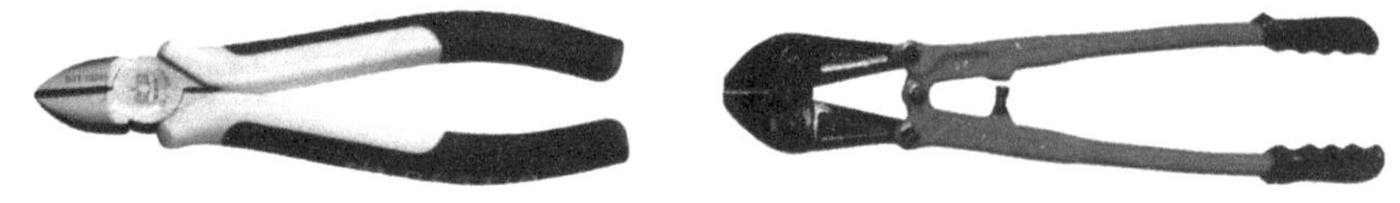

图 1-16　断线钳

五、螺钉旋具

螺钉旋具（俗称螺丝刀）用于紧固或拆卸螺钉，其结构包括金属杆头和绝缘柄。螺钉旋具主要有一字形和十字形两种，如图 1-17 所示。一字形螺钉旋具身长规格常用的有 50mm、100mm、150mm、200mm 四种，电工必备的是 50mm、150mm 两种。十字形螺钉旋具专供紧固和拆卸十字槽的螺钉。常用的规格有以下四个：Ⅰ号适用螺钉直径为 2～2.5mm；Ⅱ号适用螺钉直径为 3～5mm；Ⅲ号适用螺钉直径为 6～8mm；Ⅳ号适用螺钉直径为 10～2mm。

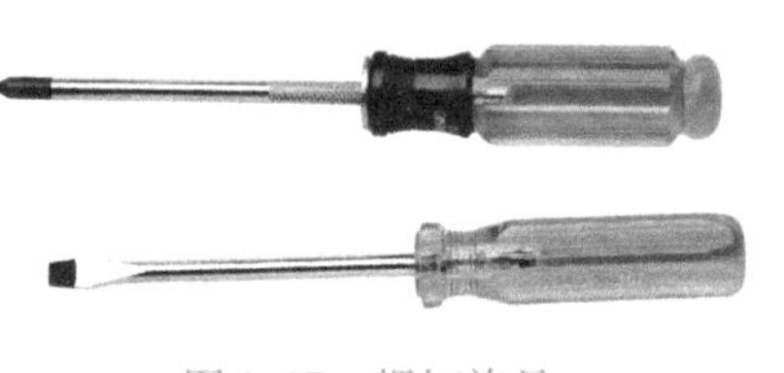

图 1-17　螺钉旋具

目前，使用较为广泛的还有磁性螺钉旋具，刀口处焊有磁性金属材料，特点是能吸住待拧紧的螺钉，以便准确定位、拧紧，使用方便。

使用螺钉旋具时应注意：不可使用金属杆直通的螺钉旋具，否则容易造成触电事故；使

用螺钉旋具紧固和拆卸带电的螺钉时，手不得触及旋具的金属杆，以免发生触电事故；为了避免螺钉旋具的金属杆触及临近带电体，应在金属杆上套上绝缘套管；使用较长螺钉旋具时，可用右手压紧并旋转手柄，左手握住螺钉旋具中间部分，以使螺钉旋具刀口不致滑脱，此时，左手不得放在螺钉的周围，以免旋具刀口滑出时将手划伤。

六、剥线钳

如图1-18所示，剥线钳是剥削小直径导线绝缘层的专用工具。使用时，将要剥削的绝缘层长度用标尺定好后，即可把导线放入相应的刃口中（比导线直径稍大），将手柄握紧，导线的绝缘层即被割破。

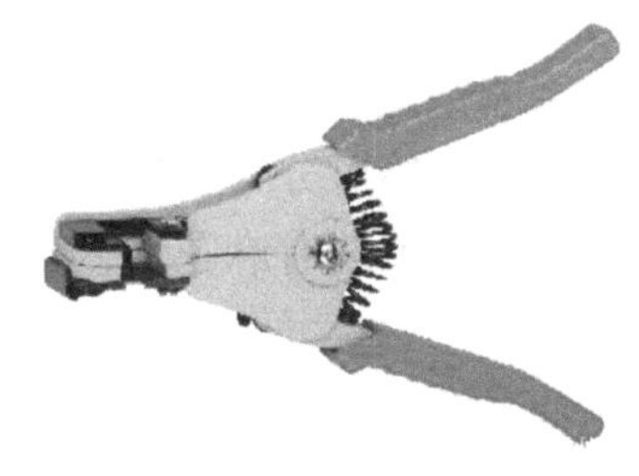
图1-18 剥线钳

除此之外，还有多种剥线钳，学生可以逐步在使用过程中了解新型剥线钳的使用技巧。

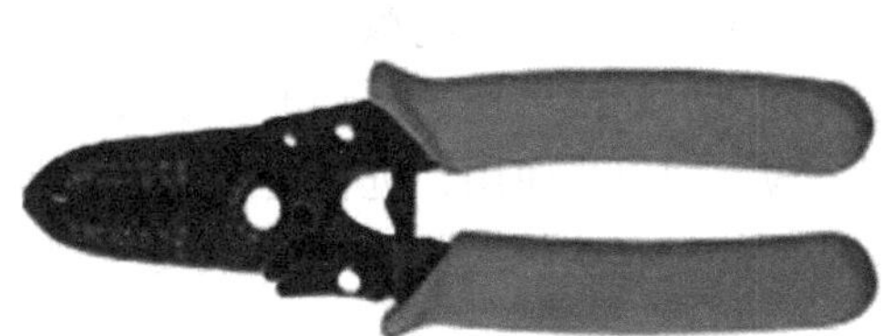
图1-19 剥线钳

七、电工刀

电工刀是用于剖削电线线头、切割木台缺口、削制木榫的专用工具。

使用时，应将刀口朝外剖；剖削导线绝缘层时，应使刀面与导线成较小的锐角，以免割伤导线。常见电工刀如图1-20所示。

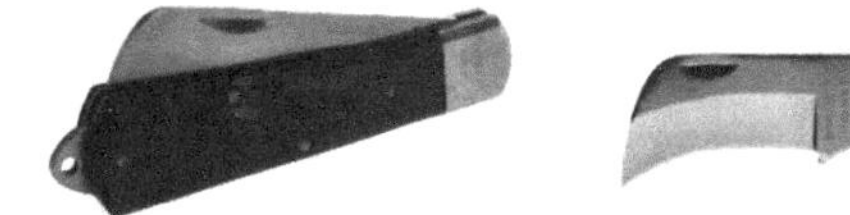

图1-20 电工刀

使用电工刀要特别注意避免伤手，不得传递刀身未折进刀柄的电工刀；电工刀用毕，随时将刀身折进刀柄；电工刀刀柄无绝缘保护，不能用于带电作业，避免触电。

八、活扳手

活扳手是用来旋紧或拧松有角螺钉或螺母的工具，电工常用的有200mm、250mm、300mm三种，使用时应根据螺母的大小选配。活扳手的结构如图1-21所示。

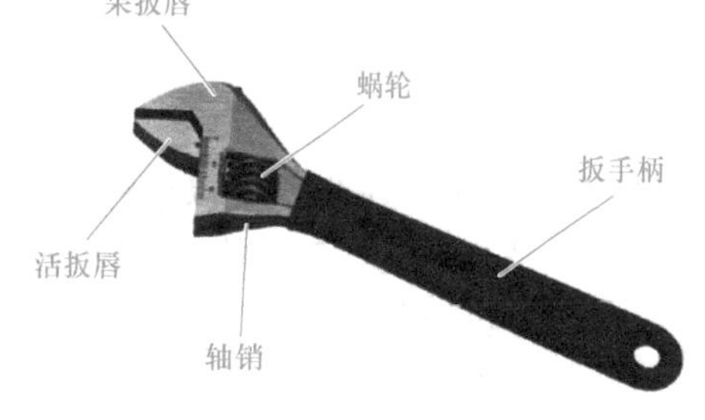

图1-21 活扳手的结构

使用活扳手扳动大螺母时，常用较大的力矩，手应握在近柄尾处；扳动小螺母时，因需要不断地转动蜗轮，调节扳口大小，所以手应握在靠近呆扳唇部位，并用大拇指调节蜗轮，以适应螺母的大小；活扳手不可反过来使用，也不得当作橇棍和锤子使用。

九、手电钻

手电钻是一种携带方便的小型钻孔用工具，由小电动机、控制开关、钻夹头和钻头几部分组成。具体可分为普通电钻和冲击钻两种。

普通电钻装有麻花钻，仅有旋转力，可在木材、塑料、金属上钻孔，也可进行拧螺钉的作业。

冲击钻既可作为普通电钻使用，也可利用其硬质合金钻头产生旋转冲击运动，在混凝土和砖墙等建筑物构架上钻孔，如图1-22所示。

电动工具在使用前应经专职电工检验接线是否正确，防止零线与相线错接造成事故；长期搁置不用或受潮的工具在使用前，应由专职电工测量绝缘阻值是否符合要求；工具自带的软电缆或软线不得接长，当电源与作业场所距离较远时，应采用移动电源箱解决；工具原有的插头不得随意拆除或更换，严禁不用插头直接将电线的金属丝插入插座；发现工具外壳、手柄破裂，应立即停止使用，进行更换；非专职电工人员不得擅自拆卸和修理工具；手持式工具的旋转部件应有防护装置；作业人员按规定穿戴绝缘防护用品；电源处必须装漏电保护器。

十、万用表

万用表又称为多用表、三用表等，主要用于测量电压、电流和电阻等，是电工作业人员不可缺少的测量仪表。万用表按显示方式分为指针式万用表和数字式万用表。

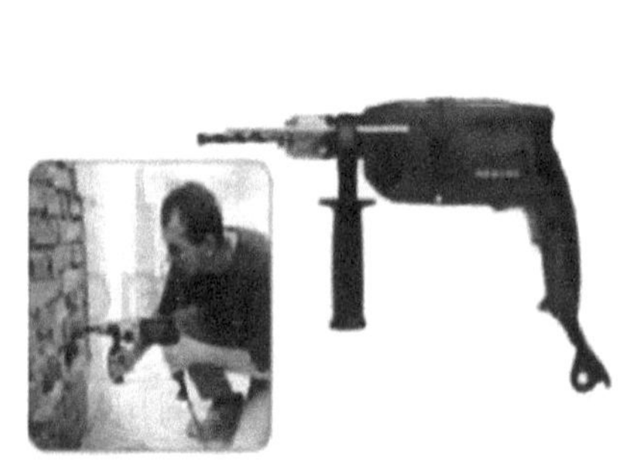

图1-22　冲击钻

a)

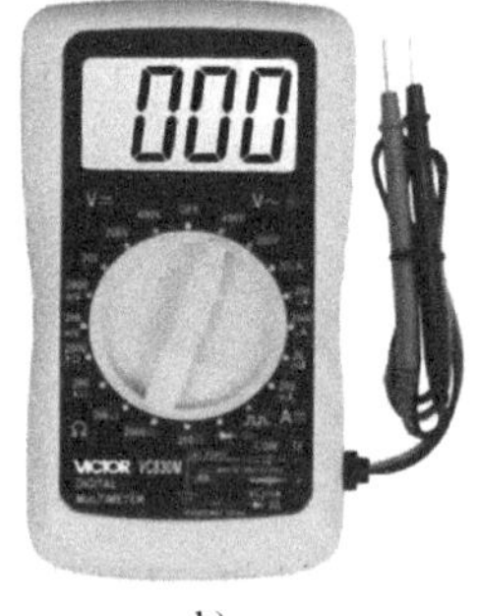

b)

图1-23　万用表外形图
a）指针式万用表　b）数字式万用表

1. 万用表的使用步骤（以指针式万用表为例）：

1）熟悉表盘上各符号的意义及各旋钮和选择开关的主要作用。

2）进行机械调零。

3）根据被测量值的种类及大小，选择转换开关合适的档位及量程。

4）测量电阻时，在测量前必须先进行欧姆调零，且每更换一次倍率档后都要进行欧姆调零。

5）将表笔正确接触测量部位进行测量。

6）寻找对应的刻度线，正确读取数据。测量电阻时，尽量使指针指在刻度尺的1/3～2/3之间。

7）使用完毕后将功能开关置于空档或交流电压最高档。

2. 注意事项

1）测量电流、电压时，不能带电更换量程。测量交流电压、电流时，手不能触及表笔金属体，防止触电事故的发生。

2）选择量程时，要先大后小，尽量使被测值接近于量程。

3）测量电阻时不能带电测量。

【任务实施】

一、导线的剖削

选取不同规格的导线，学生借助钢丝钳或电工刀练习导线的剖削。导线绝缘层的剖削工具有电工刀、钢丝钳、剥线钳。

1. 塑料硬线绝缘层的剖削

1）线芯截面为4mm^2及以下的塑料硬线用钢丝钳剖削塑料硬线绝缘层。

第一步：用左手捏住导线，在需剖削线头处，用钢丝钳刀口轻轻切破绝缘层，但不可切伤线芯，如图1-24a所示。

第二步：用左手拉紧导线，右手握住钢丝钳头部用力向外勒去绝缘层，如图1-24b所示。注意：在勒去绝缘层时，不可在钢丝钳刀口处加剪切力，否则会切伤线芯。剖削出的线芯应保持完整无损，如有损伤，应剪断后，重新剖削。

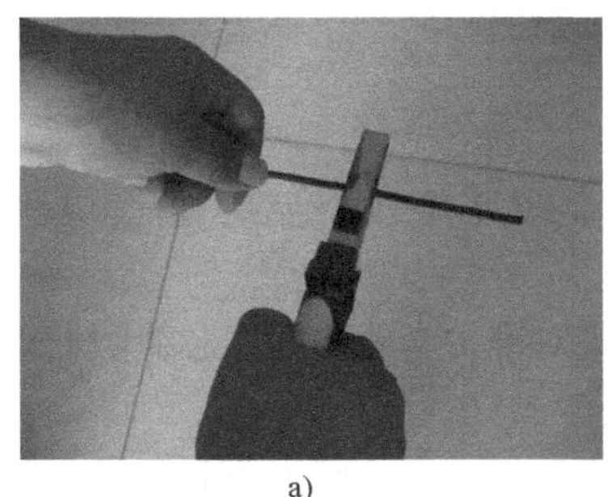

a)

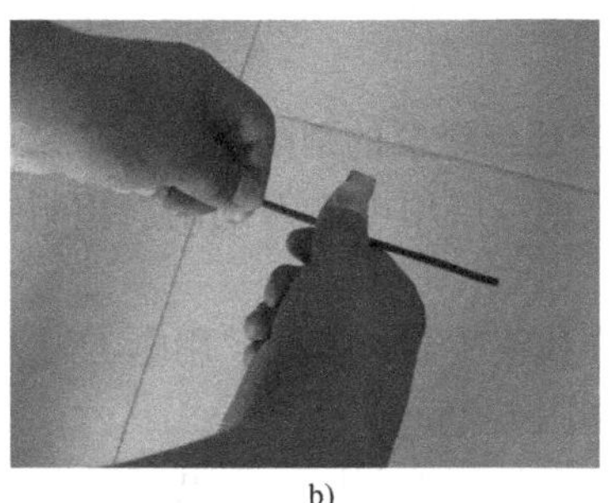

b)

图1-24 钢丝钳剖削塑料硬线绝缘层

a）用钢丝钳刀口切破绝缘层 b）用钢丝钳头部勒去绝缘层

2）线芯面积大于4mm^2的塑料硬线用电工刀剖削塑料硬线绝缘层。

第一步：在需剖削线头处，用电工刀以45°角倾斜切入塑料绝缘层，注意刀口不能伤着线芯，如图1-25a所示。

第二步：刀面与导线保持25°角左右，用刀向线端推削，只削去上面一层塑料绝缘层，不可切入线芯，如图1-25b所示。

第三步：将余下的线头绝缘层向后扳翻，将该绝缘层剥离线芯，再用电工刀切齐，如图 1-25c所示。

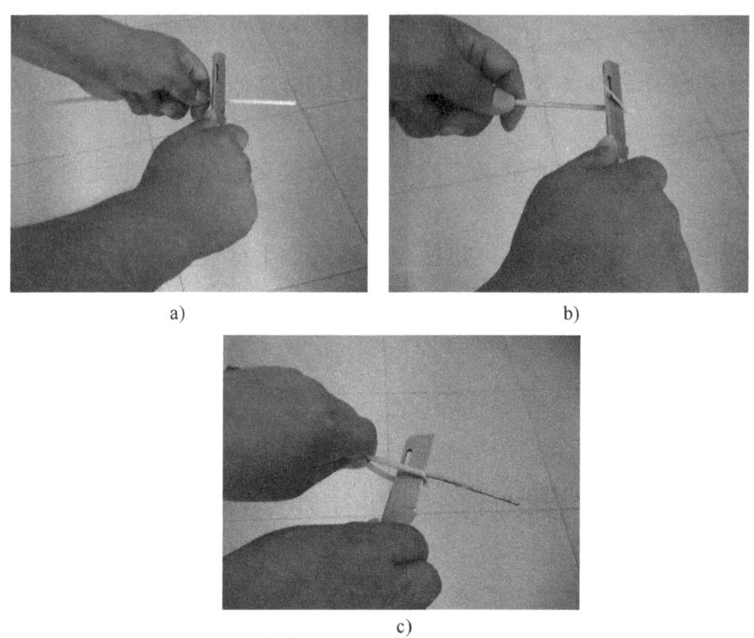

a)　　b)　　c)

图 1-25　电工刀剖削塑料硬线绝缘层

a）用电工刀以 45°角倾斜切入绝缘层　b）用电工刀以 25°角推削绝缘层　c）将绝缘层剥离线芯

2. 塑料软线绝缘层的剖削

塑料软线绝缘层用剥线钳或钢丝钳剖削。用钢丝钳剖削塑料软线绝缘层的方法与用钢丝钳剖削塑料硬线绝缘层的方法相同；用剥线钳剖削时注意切口大小，具体方法视剥线钳型号不同略有差异。塑料软线不可用电工刀剖削，因为塑料软线由多股铜丝组成，用电工刀容易损伤线芯。

3. 塑料护套线绝缘层的剖削

塑料护套线绝缘层用电工刀剖削。塑料护套线具有二层绝缘：护套层和每根线芯的绝缘层。

第一步：在线头所需长度处，用电工刀刀尖对准护套线中间线芯缝隙处划开护套层，不可切入线芯，如图 1-26a 所示。

第二步：向后扳翻护套层，用电工刀把它齐根切去，如图 1-26b 所示。

第三步：在距离护套层 5 ~ 10mm 处，用电工刀以 45°角倾斜切入内部各绝缘层，其剖削方法与塑料硬线剖削方法相同，如图 1-26c 所示。

二、导线压接圈的制作

用单芯导线制作适用于不同螺钉的压接圈，并将其固定在对应规格的螺钉上。

第一步：距离导线绝缘层根部约 3mm 处向外侧折角，如图 1-27a 所示。

第二步：按略大于螺钉直径弯曲圆弧，如图 1-27b 所示。

第三步：剪去线芯多余部分，注意保留合适长度，如图 1-27c 所示。

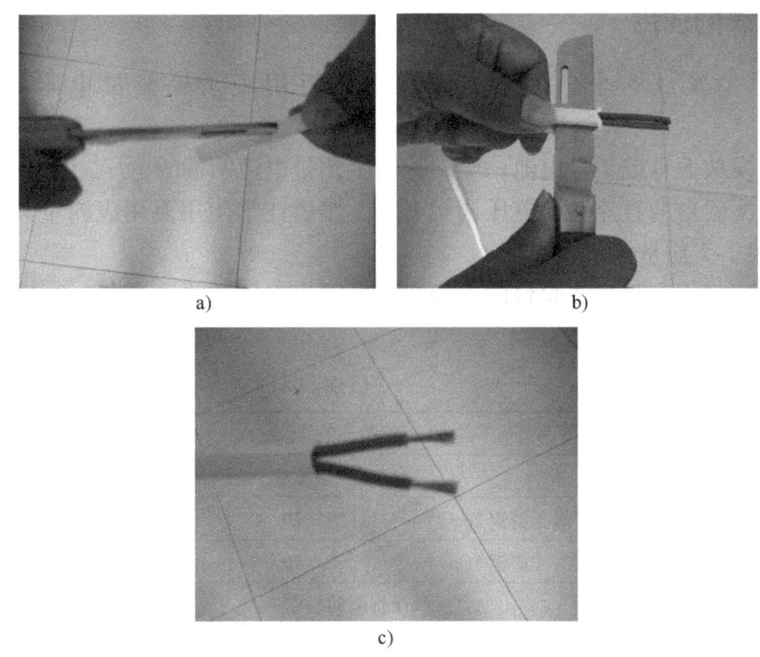
a)
b)
c)

图 1-26 电工刀剖削塑料护套线绝缘层

a）用电工刀划开护套层 b）切去护套层 c）剖削内部绝缘层

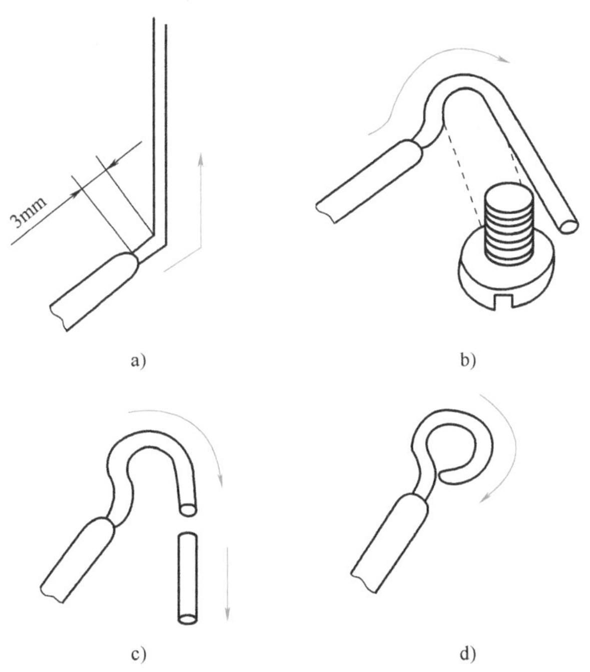

a)
b)
c)
d)

图 1-27 导线压接圈（羊眼圈）的制作

a）向外侧折角 b）弯曲成圆弧 c）剪去线芯多余部分 d）修正圆圈

第四步：修正圆圈成圆形，如图 1-27d 所示。

三、万用表的使用

1）每位学生发放5个电阻器，让学生用万用表正确测量电阻器阻值，并填入表1-3。

2）给学生发放5号或7号电池一个，让学生测量电池两端的电压，并填入表1-3。

3）将学生实验台的直流输出电压调至12V，然后让学生用万用表测量其输出电压的实际值，并填入表1-2质量评价表中。

4）让学生用万用表测量实验台的单相交流电输出电压，并填入表1-3。

表1-3　测量记录表

班级：　　　　　　　　学生姓名：　　　　　　　　组别：

一、导线的剖削					
步骤	规　格	数量	合格	不合格	合格率
1	$4mm^2$ 以下导线剖削（露铜2cm）	10			
2	$4mm^2$ 以上导线剖削（露铜3cm）	10			
二、导线压接圈的制作					
1	$1.5mm^2$ 线制作 $\Phi5$ 的压接圈	10			
2	$4mm^2$ 线制作 $\Phi8$ 的压接圈	10			
三、万用表的使用					
	内　容	数量	理论值	测量值	正确率
1	电阻的测量	5			
2	电池端电压的测量	1			
3	实验台直流输出电压的测量	1			
4	实验台单相交流电电压的测量	1			
	三项任务平均合格率				

学习体会：

【任务评价】

根据表1-4的内容，结合学生任务完成情况，给每位学生一个评价意见。

表 1-4 综合评价表

任务名称： 班级： 姓名：

<table>
<tr><th colspan="5">任务评价</th></tr>
<tr><th>序号</th><th>工作内容</th><th>个人评价</th><th>小组评价</th><th>教师评价</th></tr>
<tr><td>1</td><td>导线绝缘层的剖削</td><td></td><td></td><td></td></tr>
<tr><td>2</td><td>导线压接圈的制作</td><td></td><td></td><td></td></tr>
<tr><td>3</td><td>万用表的使用</td><td></td><td></td><td></td></tr>
<tr><td></td><td>平均得分</td><td></td><td></td><td></td></tr>
<tr><td colspan="2">问题记录和解决方法</td><td colspan="3">记录任务实施过程中出现的问题和采取的解决办法（可附页）</td></tr>
</table>

<table>
<tr><th colspan="4">能力评价</th></tr>
<tr><th colspan="2">内　　容</th><th colspan="2">评　　价</th></tr>
<tr><th>学习目标</th><th>评价项目</th><th>小组评价</th><th>教师评价</th></tr>
<tr><td rowspan="2">应知应会</td><td>相关基本概念与原理是否熟悉</td><td>□Yes □No</td><td>□Yes □No</td></tr>
<tr><td>熟练使用常用电工工具及仪表</td><td>□Yes □No</td><td>□Yes □No</td></tr>
<tr><td rowspan="2">规范与安全</td><td>工具、仪表摆放是否规范</td><td>□Yes □No</td><td>□Yes □No</td></tr>
<tr><td>安全文明操作</td><td>□Yes □No</td><td>□Yes □No</td></tr>
<tr><td rowspan="5">通用能力</td><td>团队合作能力</td><td>□Yes □No</td><td>□Yes □No</td></tr>
<tr><td>沟通协调能力</td><td>□Yes □No</td><td>□Yes □No</td></tr>
<tr><td>解决问题能力</td><td>□Yes □No</td><td>□Yes □No</td></tr>
<tr><td>自我管理能力</td><td>□Yes □No</td><td>□Yes □No</td></tr>
<tr><td>创新能力</td><td>□Yes □No</td><td>□Yes □No</td></tr>
<tr><td rowspan="3">态度</td><td>爱岗敬业</td><td>□Yes □No</td><td>□Yes □No</td></tr>
<tr><td>善于思考</td><td>□Yes □No</td><td>□Yes □No</td></tr>
<tr><td>卫生态度</td><td>□Yes □No</td><td>□Yes □No</td></tr>
<tr><td>个人努力方向</td><td colspan="3"></td></tr>
<tr><td>教师、同学建议</td><td colspan="3"></td></tr>
</table>

【思考与练习】

1. 请根据各自发放到的工具，正确说出各工具的名称及功能。
2. 验电器内部为什么要安装电阻？若不接电阻会有什么后果？
3. 验电器使用时为什么要将食指接触笔尾金属体或笔挂？
4. 常用低压验电器可测量的电压范围是多少？
5. 钳柄绝缘套损坏的钢丝钳还可继续使用吗？为什么？
6. 带电作业情况下可以使用电工刀吗？为什么？
7. 钢丝钳的铡口有什么作用？
8. 使用手持式电动工具应采取哪些保护措施？

9. 用钢丝钳刀口剖削导线绝缘层时最关键的事项是什么?

10. 塑料软线也可以用电工刀剖削绝缘层,你认为正确吗?为什么?

任务三

【任务描述】

本任务主要训练常用导线的识别、导线的连接及绝缘层的恢复等。这些基础技能在以后的实训或生产实习中经常会遇到,需要学生认真训练,掌握相关技能与技巧,为今后熟练开展电气作业奠定基础。

【能力目标】

1) 了解常用导线的规格型号及适用场合。

2) 会识别和选用常用导线的规格型号。

3) 学会单芯导线的对接、T 形接等连接方法和技巧,并正确完成导线绝缘层的恢复工作。

4) 学会多股导线的对接、T 形接等连接方法和技巧,并正确完成导线绝缘层的恢复工作。

5) 了解导线与开关、灯具等电气设备的连接方法和技巧,确保连接牢固可靠。

【知识链接】

一、常用导线的识别

电能的输送离不开导线,不同的场合需要选用不同类型的导线,不同的容量需要选用不同线径的导线,所以了解导线、正确选用导线在电工作业中具有重要意义。

1. 分类

一般常用绝缘导线有以下几种:

(1) 橡胶绝缘导线

型号:BLX——铝芯橡胶绝缘线、BX——铜芯橡胶绝缘线。

(2) 聚氯乙烯绝缘导线(塑料线)

型号:BLV——铝芯塑料线、BV——铜芯塑料线。

(3) 橡胶电缆

型号:YHC——重型橡胶电缆、NYHF——农用氯丁橡胶拖拽电缆。

橡胶绝缘导线有铜芯、铝芯,有单芯、双芯及多芯。橡皮电缆用于屋内布线时,工作电压一般不超过500V。

常用导线简表见表 1-5。

2. 型号及规格表示法

标准产品型号表示法如图 1-28 所示。

表 1-5 常用导线简表

名 称	型 号	规 格	标称截面积	用 途
单芯硬线	BV	1×1/1.13	$1mm^2$	暗布线
塑料护套线	BVVB	3×1/1.78	$2.5mm^2$	明布线
灯头线	RVS	2×16/0.15	$0.3mm^2$	不移动电器连接
三芯护套线	RVV	3×24/0.2	$0.75mm^2$	移动式电器连接

标准产品规格表示法如图 1-29 所示。

用途：硬线B；软线R　R
材料：绝缘聚氯乙烯V　V
材料：护套聚氯乙烯V　V
结构：平型B；绞型S　S

图 1-28 标准产品型号表示法

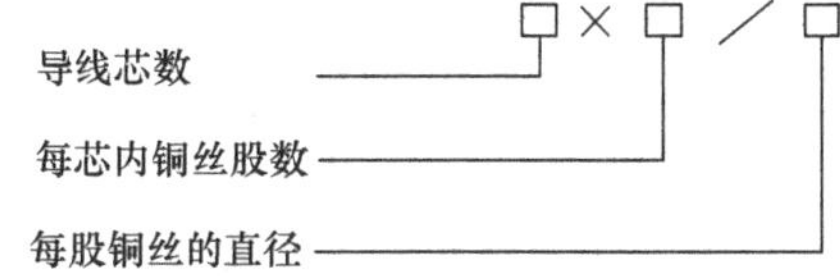

图 1-29 标准产品规格表示法

如某导线表示为 BV-1×7/0.03，即表示：聚氯乙烯绝缘单芯硬线，每芯铜丝 7 股，每股铜丝直径 0.03mm。

3. 导线粗细选择的原则

1）标称截面积相同，布线形式不同，安全载流量不同；

2）工作电流相同，布线形式不同，应选择不同粗细的芯线；

3）安全载流量与导线的标称截面积不成正比。

实际应用中，第二种情况占多数。

4. 导线安全载流量估算

（1）国产导线的规格（mm^2）

0.3、0.5、0.75、1、1.5、2.5、4、6、10、16、25、35、50、70、95、120、150、185…

（2）导线安全载流量

导线的安全载流量是根据所允许的线芯最高温度、冷却条件、敷设条件来确定的。一般铜导线的安全载流量为 $5\sim8A/mm^2$，铝导线的安全载流量为 $3\sim5A/mm^2$。如 $2.5mm^2$ BVV 铜导线安全载流量的推荐值为 $2.5mm^2\times8A/mm^2=20A$；$4mm^2$ BVV 铜导线安全载流量的推荐值为 $4mm^2\times8A/mm^2=32A$。

导线的载流量与导线截面有关，也与导线的材料、型号、敷设方法以及环境温度等有关，影响的因素较多，计算也比较复杂。各种导线的载流量通常可以从手册中查找。若要进行估算，可按照下面的口诀进行计算：十下五百上二，二五三五四三界，七零九五两倍半，温度八九折，裸线加一半，铜线升级算。

口诀的含义如下：

1）口诀中涉及的导线级别，以国产导线的规格（mm^2）为准。

2）口诀以铝导线为估算对象，铜导线按照升级的办法计算，即 $4mm^2$ 的铜导线按照 $6mm^2$ 的铝导线计算，$10mm^2$ 的铜导线按照 $16mm^2$ 的铝导线计算。

3）“十下五百上二”指 $10mm^2$ 以下的铝导线按照 $5A/mm^2$ 的电流估算，$100mm^2$ 以上的铝导线按照 $2A/mm^2$ 的电流估算。如 $6mm^2$ 铝导线电流 $=6mm^2\times5A/mm^2=30A$；$120mm^2$ 铝

导线电流 = 120mm² × 2A/mm² = 240A。

4）“二五三五四三界”指 25mm² 以下（16mm²、25mm²）的铝导线按照 4A/mm² 估算，35mm² 以上（35mm²、50mm²）的铝导线按照 3A/mm² 估算。

5）“七零九五两倍半”指 70mm²、95mm² 铝导线都按照 2.5A/mm² 估算。

6）“温度八九折”指穿管敷设的导线（穿管导线总截面积不超过管截面积的 40%），在上述估算值的基础上乘以系数 0.8，高温环境下（较多时间在 25℃以上的场所）使用则乘以系数 0.9，既是穿管敷设又是高温的场所，则需要乘以系数 0.7。

7）“裸线加一半”是指裸线（如架空裸线）截面积乘以相应倍率后再乘以 1.5（如 16mm² 导线：16 × 4 × 1.5A = 96A）

（3）常用负载电流的估算

1）白炽灯和荧光灯电流的计算：白炽灯：4.5A/kW；荧光灯：9A/kW。

2）电动机电流的计算：单相电动机：8A/kW；三相电动机：2A/kW。

3）电焊机电流的计算：接入 220V 为 4.5A/kV · A；接入 380V 为 2.7A/kV · A。

4）耗电量比较大的家用电器还有：空调 5A（1.2 匹），电热水器 10A，微波炉 4A，电饭煲 4A，洗碗机 8A，带烘干功能的洗衣机 10A，电开水器 4A。

二、导线的连接

导线连接是电工作业的一项基本工序，也是一项十分重要的技术。连接后的导线需要达到连接牢固可靠、接头电阻小、机械强度高、耐腐蚀耐氧化、电气绝缘性能好等要求，否则就会影响到电路的正常工作，甚至造成火灾等重大事故的发生。所以电工作业人员必须掌握导线的连接与绝缘层恢复的相关技术。注意，管线敷设时，管内导线不能有连接头。

1. 单股铜芯导线的“一”字型连接

（1）小截面单股铜芯导线的“一”字型连接

1）先将两导线端去其绝缘层后做“X”相交，如图 1-30a 所示。

2）互相缠绕 2 ~ 3 匝后扳直，如图 1-30b 所示。

3）两线端分别紧密向芯线上缠绕 6 圈，剪去多余线端，并钳平切口，如图 1-30c 所示。

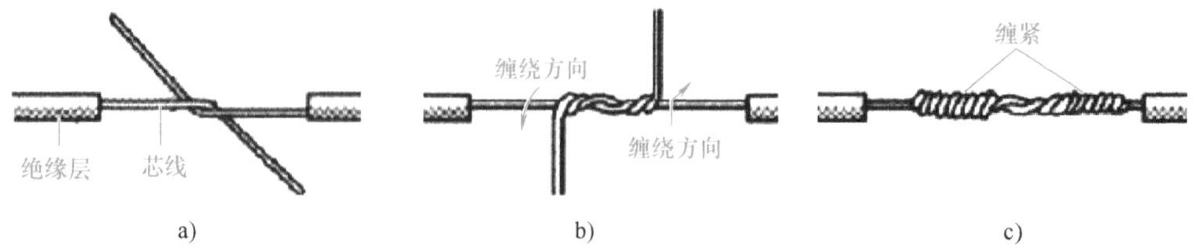

图 1-30　小截面单股铜导线的“一”字型连接

a）已无绝缘层导线 X 相交　b）互相缠绕　c）紧密缠绕并钳平切口

（2）大截面单股铜芯导线的“一”字型连接

1）先在两导线的芯线重叠处填入一根相同直径的芯线，再用一根截面约 1.5mm² 的裸铜线在其上紧密缠绕，如图 1-31a 所示。

2）缠绕长度为导线直径的 10 倍左右，然后将被连接导线的芯线线头分别折回，如图 1-31b所示。

3）将两端的缠绕裸铜线继续缠绕5~6圈后剪去多余线头即可，如图1-31c所示。

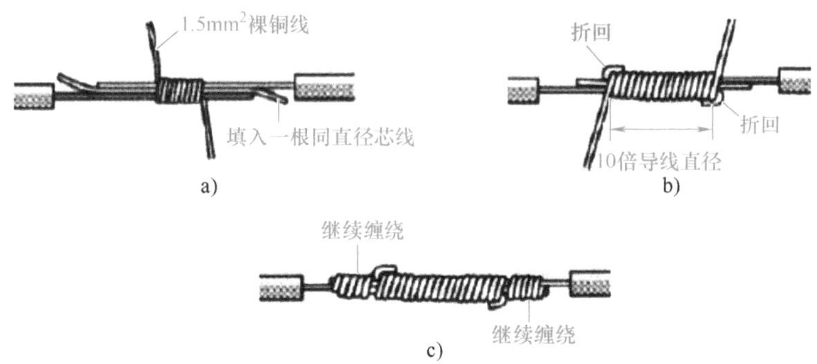

图1-31　大截面单股铜芯导线的“一”字型连接

a）填入芯线并紧密缠绕　b）缠绕足够长度后分别折回被连接线芯　c）继续缠绕后剪去多余线头

2. 单股铜芯导线“T”字型分支连接

支线端和干线十字相交，使支线芯线根部留出3mm后，在干线上缠绕一圈，再环绕成“T”字型，收紧线端向干线缠绕6~8圈，钳平切口，如图1-32a所示。如果连接导线截面较大，两芯线“十”字相交后，直接在干线上紧密缠绕8圈即可，如图1-32b所示。

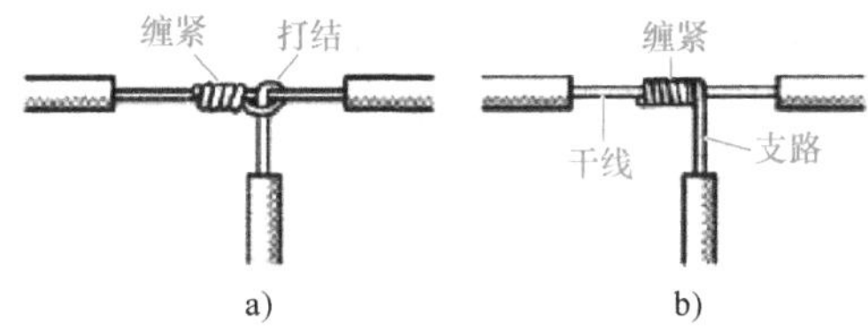

图1-32　单股铜芯导线“T”字型分支连接

a）小截面单股铜芯导线“T”字型分支连接　b）大截面单股铜芯导线“T”字型分支连接

3. 7股铜芯导线的“一”字型连接

1）剖去绝缘层（150mm），把近绝缘层的1/3线段的芯线绞紧，然后把余下的2/3的芯线头，分散成伞状，并将每根芯线拉直，如图1-33a所示。

2）将两个伞状芯线线头隔根交叉并捏平，如图1-33b所示。

3）将一端的7股芯线按2、2、3根分成三组，将第一组2根芯线扳起，垂直于芯线，并按顺时针方向缠绕5~8匝，将余下的芯线向右扳直，如图1-33c所示。

4）把第二组的2根芯线扳直，按顺时针方向紧压前2根扳直的芯线缠绕5~8匝，将余下的芯线向右扳直，如图1-33d所示。

5）再把下边第三组的3根芯线扳直，按顺时针方向紧压前4根扳直的芯线缠绕3匝后，切去每组多余的芯线，再继续绕至5~8匝，钳平线端，如图1-33e所示。

6）用相同的方法再缠绕另一边芯线。

4. 多股铜芯导线的“T”字型分支连接

方法如图1-34所示：将支路芯线靠近绝缘层的约1/8芯线绞合拧紧，其余7/8芯线分为两组（如图1-34a所示）；一组插入干线芯线中，另一组放在干线芯线前面，并朝右边缠绕4~5圈（如图1-34b所示）；再将插入干线芯线中的那一组朝左边缠绕4~5圈（如

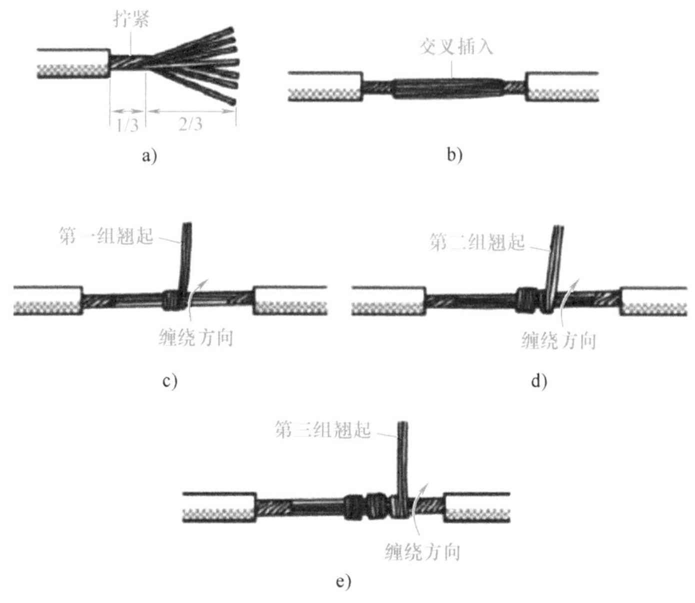

图 1-33 7 股铜芯导线的“一”字型连接

a）剖削绝缘层并处理芯线 b）将两伞状芯线线头处理好 c）缠绕第一组 2 根芯线
d）缠绕第二组 2 根芯线 e）缠绕第三组 3 根芯线并处理线端

图 1-34c所示）；连接好的导线如图 1-34d 所示。

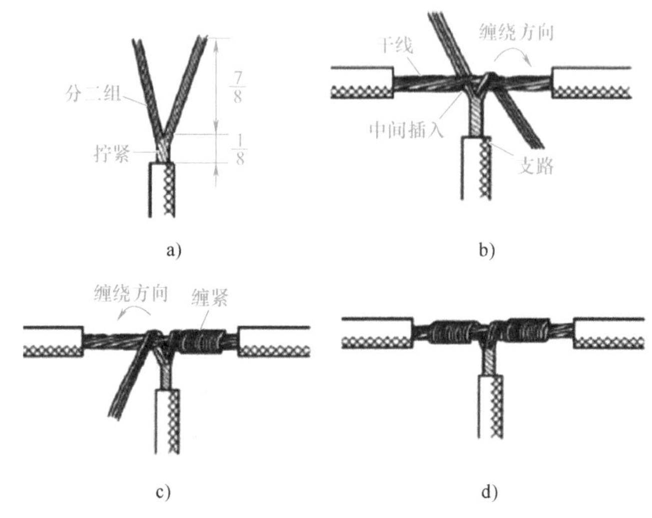

图 1-34 多股铜芯导线的“T”字型分支连接

a）剖削绝缘层并处理芯线 b）缠绕第一组芯线 c）缠绕第二组芯线 d）完成分支连接

5. 双芯或多芯电线电缆的连接

双芯护套线、三芯护套线或电缆、多芯电缆在连接时，应注意尽可能将各芯线的连接点互相错开位置，可以更好地防止线间漏电或短路。双芯或多芯电线电缆的连接如图 1-35 所示。

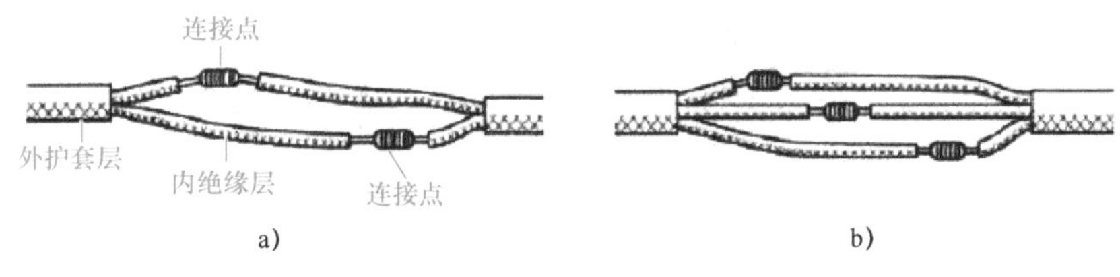

图 1-35　双芯或多芯电线电缆的连接

a）双芯护套线的连接　b）三芯护套线的连接

6. 同一方向多根导线的连接

在照明线路安装过程中，经常会遇到多根导线需要并接在一起的情况，如接线盒中多根电源线的连接、多根中性线的连接等。标准的做法是将导线的绝缘层剖开，然后用标准的压接帽通过专用压接工具压接牢固，如图 1-36 所示。

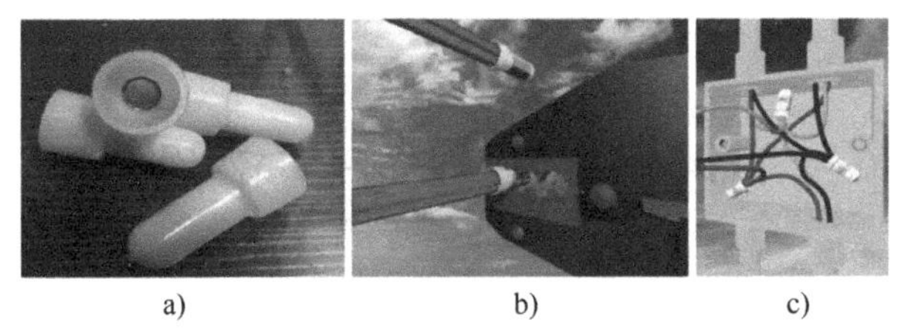

图 1-36　同一方向多根导线的连接

a）压接帽　b）压接钳　c）效果图

另一种常用的连接方式是将导线按照图 1-37 所示方法拧紧，然后用焊锡焊接（为防止接触处导线氧化而影响导电能力），最后用绝缘胶带进行绝缘恢复，如图 1-37 所示。

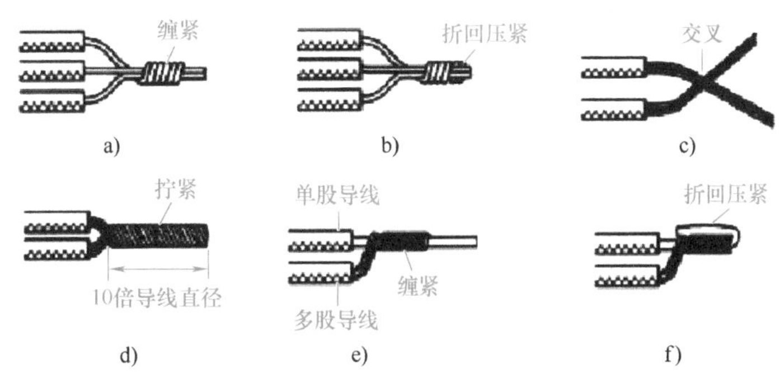

图 1-37　多头线的连接

a)、b）不同线径单股线的并接　c)、d）多股线的并接　e)、f）多股线与单股线的并接

7. 线头与接线柱的连接

常用接线柱有针孔式、螺钉平压式和瓦形式。

（1）线头与针孔接线柱的连接

1）单股芯线连接如图 1-38 所示。

2）多股芯线连接如图 1-39 所示。

（2）线头与平压式接线柱的连接

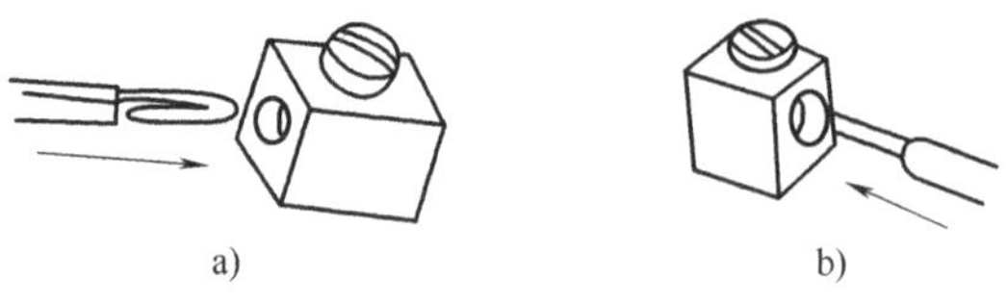
a)　　b)

图 1-38　单股芯线连接

a）芯线折成双股进行连接　b）单股芯线插入连接

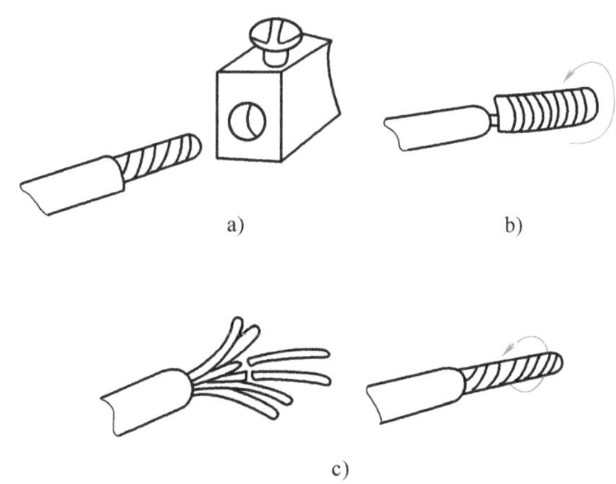
a)　　b)

c)

图 1-39　多股芯线连接

a）针孔合适的连接　b）针孔过大时线头的处理　c）针孔过小时线头的处理

1）单股芯线的处理如图 1-40 所示。

首先，距离绝缘层根部约 3mm 处向外侧折角；然后，按略大于螺钉直径弯曲圆弧；再剪去芯线余端；最后，修正圆圈呈正圆形。

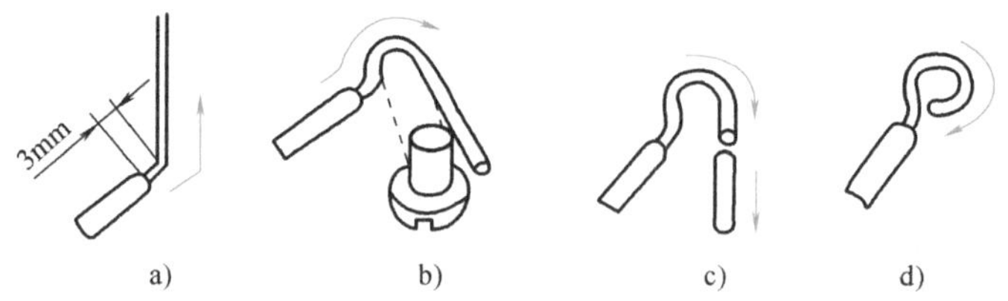

a)　　b)　　c)　　d)

图 1-40　单股芯线的处理

a）处理芯线　b）弯曲成圆弧　c）剪去芯线余端　d）修正圆圈

2）多股芯线的制作过程如图 1-41 所示。

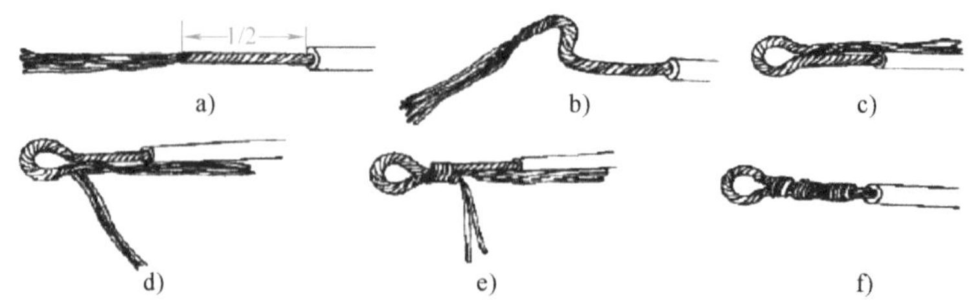

a)　　b)　　c)

d)　　e)　　f)

图 1-41　多股芯线的制作过程

（3）线头与瓦型接线柱的连接

线头与瓦型接线柱的连接，如图 1-42 所示。

三、导线绝缘层的恢复

1. 常用的恢复绝缘层材料

绝缘材料的主要作用是隔离带电导体，使电流能按预定的方向流动。绝缘材料大部分是有机材料，其耐热性、机械强度和寿命比金属材料低得多。

导线连接处的绝缘层通常采用绝缘胶带进行缠裹包扎。一般电工常用的电气绝缘胶带有黄蜡带、涤纶薄膜带、黑胶布带、PVC 塑料绝缘胶带、橡胶防水绝缘带等，如图 1-43 所示。常规作业中使用最多的是 PVC 塑料绝缘胶带，在潮湿场所使用橡胶防水绝缘带。常用绝缘胶带的宽度为 20mm，使用较为方便。恢复后的绝缘强度应不低于导线原有的绝缘强度。橡胶防水绝缘带使用时，通常需要在用力将其拉长至原长 200% 的情况下进行包缠，确保足够的张力密封导线。

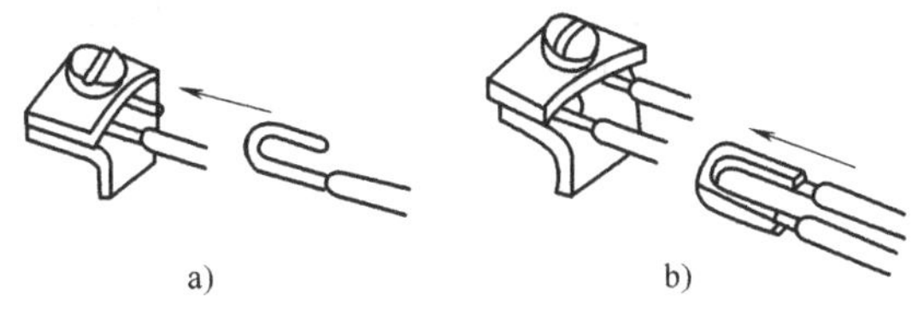

图 1-42　线头与瓦型接线柱的连接
a）一个线头连接　b）两个线头连接

PVC塑料绝缘胶带

橡胶防水绝缘带

黄蜡带

图 1-43　常用电气绝缘胶带

2. 导线接头的绝缘处理方法

（1）“一”字型导线接头的绝缘处理

“一”字型导线接头可按图 1-44 所示进行规范绝缘处理：将黄蜡带从接头左边绝缘完好的绝缘层上开始包缠，包缠两圈后进入芯线部分，包缠时黄蜡带应与导线呈 55°倾斜角，每圈压叠带宽的 1/2，直至包缠两圈到接头右边完好绝缘层处为止；然后将黑胶布带接在黄蜡带的尾端；再按另一斜叠方向从右向左包缠，仍每圈压叠带宽的 1/2，直至将黄蜡带完全包缠住。包缠处理中应用力拉紧胶带，注意不可稀疏，更不能露出芯线，以确保绝缘质量和用电安全。对于 220V 线路，可不用黄蜡带，只用黑胶布带或 PVC 塑料绝缘胶带包缠两层，包缠方式同上。在潮湿场所应使用橡胶防水绝缘胶带。

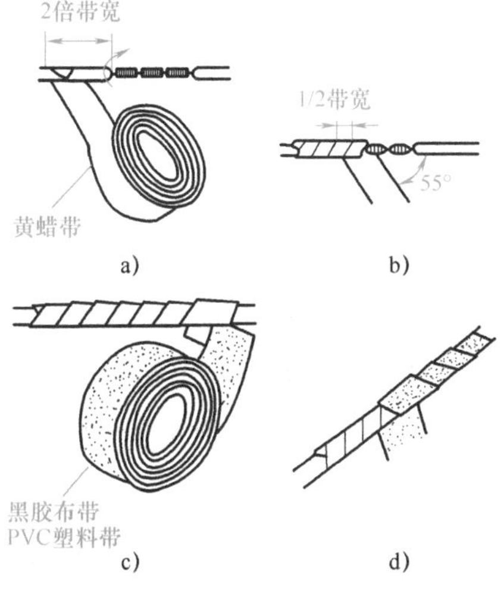

图 1-44　“一”字型绝缘恢复方法

（2）“T”字型分支接头的绝缘处理

“T”字型分支接头的绝缘处理基本方法同“一”字型一致，“T”字型分支接头的包缠方向如图 1-45 所示，走一个“下”字形的来回，使每一根导线上都包缠两层绝缘胶带，每根导线都应包缠到完好绝缘层的两倍胶带宽度处。

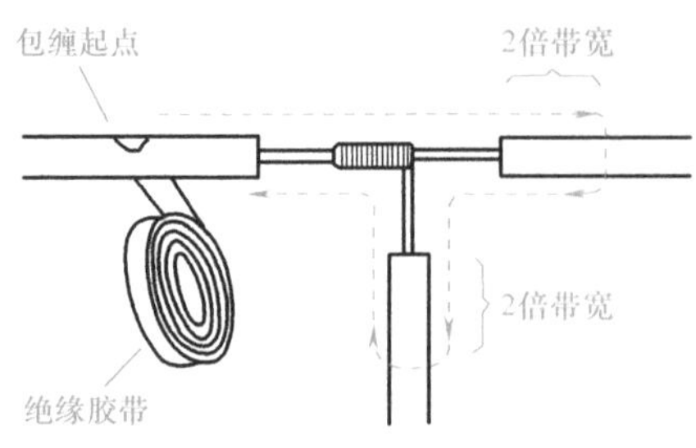

图 1-45　“T”字型分支接头的绝缘处理

【任务实施】

本项目是电工作业人员的基本技能，主要学习导线的识别、连接及绝缘的恢复。这些基本技能对电工作业人员非常重要，直接关系到今后电气安装工程的质量，需要初学者反复练习。本项目需要完成的任务如下：

1）在实训室提供的废旧导线中寻找不同规格的单股硬线若干，练习单股导线的对接及“T”字型连接，最后找出 6 个自己最满意的作品供小组检查评比，并将结果填入表 1-6 中（导线规格型号及自评由学生自己填写）。

表 1-6　单股导线连接记录表

班级：　　　　　　　　　　　姓名：　　　　　　　　　　　小组号：

项　　目	编号	导线规格型号	自评	优秀作品特点
单股硬线对接	1			
	2			
	3			
单股硬线“T”字型连接	1			
	2			
	3			

＊＊评判等级：优　合格　不合格

2）在实训室提供的废旧导线中寻找不同规格的多股硬线若干，练习多股导线的对接及“T”字型连接，最后找出 6 个自己最满意的作品供小组检查评比，并将结果填入表 1-7 中（导线规格型号及自评由学生自己填写）。

表 1-7　多股导线连接记录表

班级：　　　　　　　　　　　姓名：　　　　　　　　　　　小组号：

项　　目	编号	导线规格型号	自评	优秀作品特点
多股硬线对接	1			
	2			
	3			
多股硬线“T”字型连接	1			
	2			
	3			

＊＊评判等级：优　合格　不合格

3）将检验合格的作品按照交流 220V 电压标准进行绝缘恢复。要求完成 4 类各 2 个绝缘恢复的练习，即“一”字型接头普通绝缘恢复、“一”字型接头防水绝缘恢复、“T”字型接头普通绝缘恢复及“T”字型防水绝缘恢复。将 8 个作品的完成情况填入表 1-8 中。

表 1-8 导线绝缘恢复记录表

班级： 姓名： 小组号：

项 目	编 号		胶带类别	自我分析	自评
普通绝缘恢复	“一”字型	1			
		2			
	“T”字型	1			
		2			
防水绝缘恢复	“一”字型	1			
		2			
	“T”字型	1			
		2			

** 评判等级：优 合格 不合格

【任务评价】

根据表 1-9 的内容，结合学生任务完成情况，给每位学生一个评价意见。

表 1-9 综合评价表

任务名称： 班级： 姓名：

任务评价				
序号	工作内容	个人评价	小组评价	教师评价
1	导线的连接（“一”字型连接及“T”型连接）			
2	绝缘的恢复（一般绝缘恢复及防水绝缘恢复）			
	平均得分			
问题记录和解决方法	记录任务实施过程中出现的问题和采取的解决办法（可附页）			

能力评价			
内 容		评 价	
学习目标	评价项目	小组评价	教师评价
应知应会	常用导线规格型号、安全载流等知识	□Yes □No	□Yes □No
	常用导线识别、导线连接与绝缘恢复	□Yes □No	□Yes □No
规范与安全	熟练、规范使用电工工具	□Yes □No	□Yes □No
	产品质量是否符合要求	□Yes □No	□Yes □No
通用能力	团队合作能力	□Yes □No	□Yes □No
	沟通协调能力	□Yes □No	□Yes □No
	解决问题能力	□Yes □No	□Yes □No
	自我管理能力	□Yes □No	□Yes □No
	创新能力	□Yes □No	□Yes □No

（续）

能力评价			
内　容		评　价	
学习目标	评价项目	小组评价	教师评价
态度	爱岗敬业	□Yes　□No	□Yes　□No
	善于思考	□Yes　□No	□Yes　□No
	卫生态度	□Yes　□No	□Yes　□No
个人努力方向			
教师、同学建议			

【思考与练习】

1. 国产导线的规格（0.3～$180mm^2$）有哪些？

2. 请说出下列常用导线型号的含义：BV-1×7/0.03；BVVB-2×1/1.13；BV-1×1/1.78；BX-1×1/1.37；RVV-3×16/0.15。

3. 一户居民要安装一个电热器电源，铭牌标注为：电源交流220V、功率2500W。电热器电源线需要用电线管暗敷设，导线应如何选择？

4. $120mm^2$的铝导线的安全载流量是多少安培？这样的载流量更换成铜导线，应选择的铜导线规格是多少？

5. 双芯或多芯电线、电缆连接时，连接点是否要齐平？为什么？

6. 安装照明线路时，若遇上多根导线同方向连接，其规范的连接方式如何？

7. 常用绝缘层恢复的材料有哪些？不同电压等级的导线，其绝缘恢复的工艺是否相同？

8. 请说出使用绝缘胶带进行导线绝缘恢复的几个关键数据。

9. 不同类型导线线头与针孔接线柱的连接应注意什么？

项目二

办公室照明线路安装与检修

办公室是工作人员长时间从事近距离视觉作业的地方，用眼时间较长，需要给工作者提供一个简洁明亮的照明环境，满足员工办公、沟通、思考、会议等工作上的需要。好的办公照明环境可以给人带来舒适、愉快的感觉，有利于人们提高工作效率，创造更多的效益。

任务一　办公室照明线路考察分析

【任务描述】

某学校教学楼的 2 层第 2 间办公室，层高 3.2m，总面积 $50m^2$，要求学生实地观察并记录该办公室的照明灯具、用电设备的种类数量、照明灯具的功率及控制方式，同时观察记录其他用电设备的功率，并填写调查表。

【能力目标】

1）了解办公室照明线路的特点。

2）了解办公室灯具的控制方式。

3）了解用电设备的参数。

4）能根据办公室的面积计算灯具的用量。

【知识链接】

一、办公室电气安装的基本要求

办公室是进行文案工作的场所，因此办公室照明要为员工提供一个简洁、明亮的环境，满足员工办公、沟通、思考、会议等工作上的需要。办公室按使用功能与使用人数，可将区间分为：大开间办公室、几人小办公室、单人办公室、会议室和公共场所等（如图 2-1 和图 2-2 所示）。每种办公室的照明要求及设计又有所区别。我们以小办公室为例，叙述一下办公室用电设计应满足的基本功能。

1. 办公室照明

办公室照明分为一般照明和应急照明。办公室的照明时间几乎都是白天，因此人工照明应与天然采光结合设计形成舒适的照明环境，普通办公室的要求为：0.75 水平面，照度 300lx。

图 2-1　办公场所

图 2-2　会议场所

(1) 办公室的一般照明

办公室的一般照明宜设计在工作区的两侧，采用荧光灯时，宜使灯具纵轴与水平视线相平行。不宜将灯具布置在工作位置的正前方。在难于确定工作位置时，可选用发光面积大、亮度低的双向蝙蝠翼式配光灯具。在有计算机终端设备的办公场所，应避免在屏幕上出现人和事物（如灯具、家具、窗等）的映像。

在控制方式上办公室的一般照明采用多灯一控的方式，同时采用隔一控一的方式 。

(2) 办公室的应急照明

应急照明按照用途可分为三类：疏散应急照明、安全应急照明、备用应急照明。

1）疏散应急照明：在发生事故时为保证人员能快速安全地离开建筑物所设立的照明设施。在疏散通道地面上提供的照度应达到 1lx，最低不得小于 0.2lx。此外，在安全出口和疏散通道的明显位置还应设有标志指示灯。

2）安全应急照明：在正常照明突然熄灭时，为保证潜在危险场所的人员人身安全而设置的照明设施。安全应急照明在工作面上提供的照度不应小于正常照明系统提供照度的 5%，并且应在正常照明电源消失后 0.5s 以内提供安全照明电源。

3）备用应急照明：正常照明发生事故时，能保证室内活动继续进行的照明设施，备用应急照明往往由一部分或全部由正常照明灯具提供，其应急电源主要来自两个级别的电源：电网电源和自备电源（发电机或集中蓄电池），照度一般为正常照度的 10% 。

2. 办公室插座的设置

随着科技的发展，办公室内的办公设备越来越多，因此在考虑布置办公室的插座时应很好地考虑每个工位的用电需求，配备足够的插座。每个插座由一个单相三线和一个单相二线的插孔组合，至少保证每个工位一组插座，另应考虑饮水机、复印机、台面灯具、空调等设备，并就近布置插座。

二、办公室常用照明灯具介绍

1. 格栅灯

格栅灯适合安装在有吊顶的写字间。光源一般是荧光灯管。格栅灯分为嵌入式和吸顶式，标准规格尺寸分别为：2×14W、2×21W、3×14W、3×21W，尺寸600×600mm；2×28W、3×28W，尺寸600×1200mm等，如图2-3所示。

2. 吊装灯盘

吊装灯盘一般用于层高较高的空间。按出光方向可分为下射出光、上下出光、上射出光。如图2-4所示。

图2-3　格栅灯

图2-4　吊装灯盘

3. 灯槽

装修时预先做灯槽，后将荧光灯光源暗置其中，达到见光不见灯的柔和发光效果。

4. 筒灯

筒灯按安装形式可分为明装和嵌入式，个别特殊场合需要采用钢丝吊装。按光源可配自镇流荧光灯、插拔型荧光灯、金卤灯光源。筒灯一般做补充发光和装饰用途。

【任务实施】

在校内选定几个有代表性的办公室，将班级学生划分为若干个学习小组，然后组织学生观察办公室内的照明及用电设备的数量、功率、控制方式，并将获得的数据填入表2-1中。观察学习时要求学生仔细认真，并注意学生形象，减少观察学习对办公室老师正常工作的影响。观察完毕后，将自己在任务实施的结果在小组进行讨论对比，将正确结果填入表2-2中。

表 2-1 调查表

班级： 姓名： 组别：

办公室名称：	面积/ m^2			
用电设备名称	数　量	功　率	控制方式	备　注

表 2-2 交流分析结果（以 3～5 人办公室为例）

序　号	项目名称	类型或方式	数　量
1	照明灯具		
2	插座		
3	装接容量		
4	灯具控制方式		

【任务评价】

根据表 2-3 的内容，结合学生任务完成情况，给每位学生一个评价意见。

表 2-3 综合评价表

任务名称： 班级： 姓名：

任务评价				
序号	工作内容	个人评价	小组评价	教师评价
1	办公室照明配置考察活动			
2	考察数据填写与分析			
	平均得分			
问题记录和解决方法	记录任务实施过程中出现的问题和采取的解决办法（可附页）			

能力评价			
内　容		评　价	
学习目标	评价项目	小组评价	教师评价
应知应会	电的基本概念是否熟悉	□Yes □No	□Yes □No
	观察与活动是否积极	□Yes □No	□Yes □No
规范与安全	数据规范正确	□Yes □No	□Yes □No
	安全文明考察	□Yes □No	□Yes □No
通用能力	团队合作能力	□Yes □No	□Yes □No
	沟通协调能力	□Yes □No	□Yes □No
	解决问题能力	□Yes □No	□Yes □No

（续）

能力评价			
内　容		评　价	
学习目标	评价项目	小组评价	教师评价
通用能力	自我管理能力	□Yes　□No	□Yes　□No
	创新能力	□Yes　□No	□Yes　□No
态度	爱岗敬业	□Yes　□No	□Yes　□No
	善于思考	□Yes　□No	□Yes　□No
	卫生态度	□Yes　□No	□Yes　□No
个人努力方向			
教师、同学建议			

【思考与练习】

1. 办公室一般采用哪些照明灯具？会议室还应有哪些灯具？
2. 办公室照明灯具的控制方式如何？
3. 通常情况下，办公室插座如何布置？一般安装在什么高度？
4. 你在办公楼的公共通道处是否见到过应急照明灯？知道这些灯在什么情况下会点亮？

任务二

【任务描述】

本任务主要内容是按照原理图 2-5 所示在 80×90cm 的网孔钢板或木板上完成单控照明线路的安装与调试。所需元器件及辅助材料由学生在材料目录中自行选取，并正确填写领料单。在安装操作过程中，学生必须注意实训安全，未经指导教师同意，禁止学生私自通电试验。

【能力目标】

1）掌握单控照明线路的工作原理。
2）理解单控照明线路中各元器件的作用及工作原理。
3）能根据电路控制要求，合理选择元器件及辅助材料。
4）能正确安装和调试单控照明线路。
5）会排除电路的简单故障。
6）会正确使用常用电工工具及电工仪表。
7）逐步养成安全操作习惯。

【知识链接】

一、单控照明线路的识读

如图 2-5a 所示，电路工作原理为：开关闭合时，电路形成通路，节能灯上有电流流过，灯点亮；当开关处于断开时，节能灯上无电流流过，灯不亮。

图 2-5b 中，灯的控制原理与图 2-5a 相同，增加插座且不受开关控制。

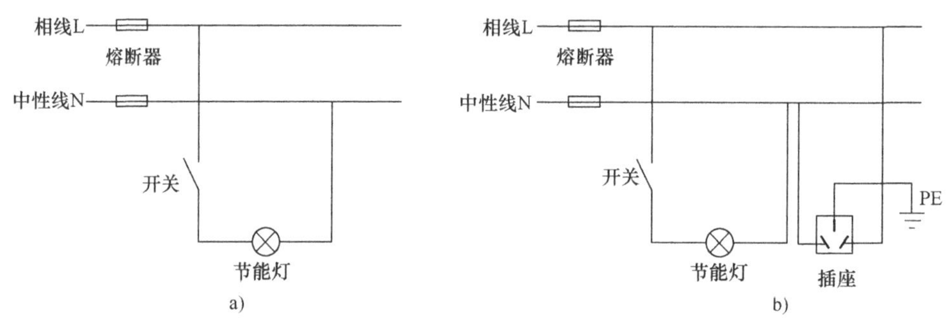

图 2-5　单控照明线路原理图

二、照明线路安装规则

照明是人们生产生活的基本需求，照明线路的安装与检修是电气作业人员的基本技能。作为一名未来电气作业人员，掌握照明线路的基本原理及照明线路的安装与检修技能十分重要。

完整的照明线路由以下几个基本部分组成：电源、导线、照明灯具、开关。为确保电路正常工作，电路必须构成正确的回路。只要其中的一个部分出现问题，这个照明线路就不能正常工作。

一般照明电源为单相交流 220V，频率 50Hz。灯具与地面垂直距离应符合下列规定：正常干燥场所室内照明不得低于 1.8m；危险和较潮湿场所的室内照明不得低于 2.5m，否则应采用 36V 及以下安全电压。

单相二孔插座水平安装时为“左零右相”，垂直安装时为“上相下零”；单相三孔插座安装时为“左零右相，上为地”，不得将地线孔装在下方或横装。

电路的安装必须符合安装工艺，电路安装牢固可靠，导线连接处必须符合连接规范，绝缘恢复必须达到要求。与照明器件连接处的导线，外露的铜导线不能太长，防止电路短路。导线连接处必须牢固，若有松动，容易产生热量而影响电路正常工作，严重时会造成电器火灾等事故的发生。

电路安装调试过程中，需要正确使用电工工具及常用测量仪表。另外，电工作业必须严格执行安全操作规范，禁止带电作业，确保操作人员的人身安全。

【任务实施】

在给定的电路安装板上完成单控照明线路的安装与调试任务。电路采用 PVC 管明敷设。

安装电路必须符合规范，调试电路必须在教师的监护下进行，严格执行安全操作规程。

一、单控照明线路元器件位置的确定

根据图 2-5 所示的原理图由学生自行设计出元器件布置图，并将尺寸标在安装板上。

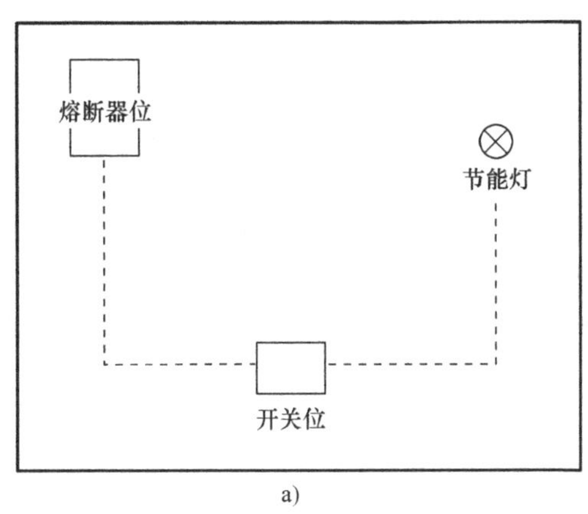

a)

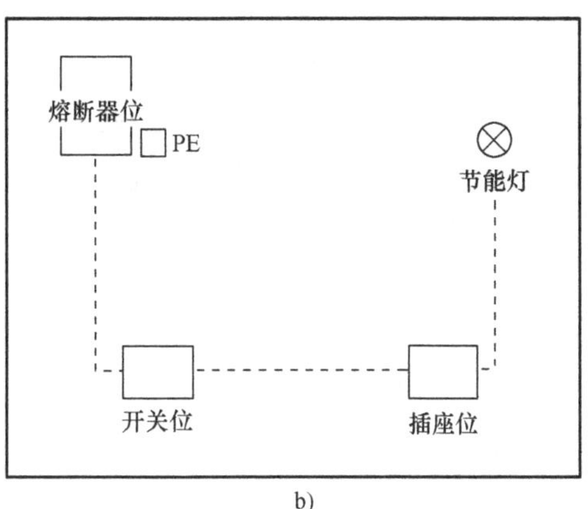

b)

图 2-6　元器件布置图

二、元器件的选择

根据图 2-5、图 2-6，确定安装电路所需要的元器件，并在常用元器件中选择合适的规格型号及数量，将选定的结果填入表 2-4 中。

表 2-4　领料单

项目名称：　　　　　　班级：　　　　　　姓名：　　　　　　组别：

序　号	名　称	规格型号	数　量	备　注
1				
2				
3				
4				
5				
6				
7				
8				
9				
10				

审核：　　　　　　　　　　发货人：

三、电路的安装

根据电路安装要求，凭教师审核的领料单，自行到仓库领取相关材料，并认真检查所领材料是否完好。如有缺损请及时更换或说明。

领取材料后，检查各自的电工工具，做好安装电路的准备工作。

根据图 2-6 的元器件布置图（选择其一），将相关电器元件固定在合适的位置，并安装

PVC 管，同时将各开关盒连通。

根据控制原理，沿安装好的电路管线进行布线。布线时应注意：导线规格型号及颜色选择得当；管路中的导线不允许有接头；线盒中必须留有一定长度的导线，方便开关元器件的连接及电路检修。

检查 PVC 管中配线颜色及数量，相线与中性线颜色必须符合要求，导线数量必须正确，不能缺线，不能多配回路线。

检查正确后，安装开关灯具。导线装接处必须牢固可靠，导线露铜在规定范围内，需要绝缘恢复的地方，恢复处的绝缘强度不得低于原标准。

用万用表检查电路，检查无误后，安装固定开关插座。开关面板固定正确，注意开关的“开”与“关”的位置。面板固定牢固，排列整齐美观。

整理操作台，将多余的耗材整理到规定位置，清除操作台的垃圾，工具按照规范摆设整齐，同时做好电路调试的准备工作。

四、电路的调试

完成电路安装并检查无误后可以向教师申请通电调试。经指导教师确认后方可通电调试。

电路调试一般按照以下步骤进行：

1）用万用表检测电路是否有短路现象(注意断开节能灯后测量)。

2）确定无短路现象后接通电路。

3）操作单控开关，检测节能灯工作是否正常（检测插座可用试灯的方式检测）。

4）若电路有故障，应根据电路原理分析故障原因，再用万用表检测故障部位。

5）确定故障点后，卸下相关电器元件进行检修。

6）检修结束后，用万用表检测相关故障是否已经排除。

7）固定卸下的元器件，通电检测，直至电路工作正常。

注：排除故障的检修练习应按照同样的工作流程进行。

【任务评价】

根据表 2-5 的内容，结合学生任务完成情况，给每位学生一个评价意见。

表 2-5　综合评价表

任务名称：　　　　　　　　　　　　　　　　班级：　　　　姓名：

任务评价				
序号	工作内容	个人评价	小组评价	教师评价
1	单控电路元器件位置的确定			
2	元器件的选择，填写领料单			
3	电路的安装			
4	单控电路的调试			
	平均得分			
问题记录和解决方法	记录任务实施过程中出现的问题和采取的解决办法（可附页）			

（续）

能力评价			
内　容		评　价	
学习目标	评价项目	小组评价	教师评价
应知应会	掌握单控电路相关知识的程度	□Yes　□No	□Yes　□No
	熟练安装与调试单控照明线路	□Yes　□No	□Yes　□No
规范与安全	电路连接、工具摆放是否规范	□Yes　□No	□Yes　□No
	安装质量是否符合要求	□Yes　□No	□Yes　□No
通用能力	团队合作能力	□Yes　□No	□Yes　□No
	沟通协调能力	□Yes　□No	□Yes　□No
	解决问题能力	□Yes　□No	□Yes　□No
	自我管理能力	□Yes　□No	□Yes　□No
	创新能力	□Yes　□No	□Yes　□No
态度	爱岗敬业	□Yes　□No	□Yes　□No
	善于思考	□Yes　□No	□Yes　□No
	卫生态度	□Yes　□No	□Yes　□No
个人努力方向			
教师、同学建议			

【任务拓展】

由于单控照明线路的使用场合不同，电路的安装会有很大的差别，但其控制原理是一致的，所以要求学习者灵活掌握安装方法与技巧。

根据图 2-7 和图 2-8，正确分析各段 PVC 管中需布线的数量和颜色，并思考如何安装电器元件。对于有余力的学生，可以尝试按照图中给定的要求进行安装操作。

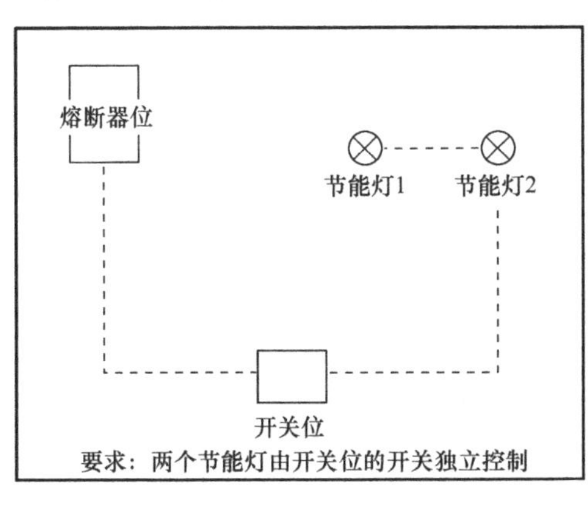

图 2-7　安装示意图

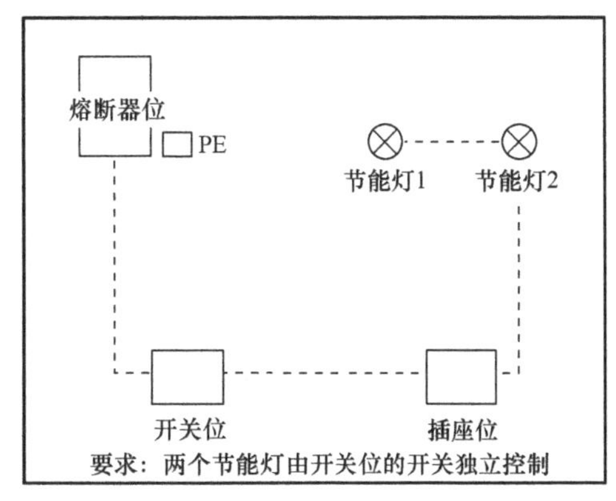

图 2-8　安装示意图

【思考与练习】

1. 照明线路所使用的单相交流电源中的相线和中性线分别用什么符号表示？在电路安

装过程中，所使用的导线颜色应如何选择？

2. 控制照明设备的开关必须安装在哪根导线上？为什么？

3. 当照明灯具采用螺口灯座时，其安装有什么要求？

4. 照明线路安装过程中，导线与电器连接处的露铜过长会造成什么后果？

5. “PE”代表什么？应该如何连接？若将插座上的“PE”误接成电源相线会造成什么后果？

6. 在图 2-8 中，若将开关位与插座位互换，各段 PVC 管中的配线将如何变化？

任务三 [illegible]

【任务描述】

单位新建办公楼的第三层人事科办公室要进行装修，该办公室层高 3.6m，设有 4 个工位具体尺寸及办公桌位置如图 2-9 所示。请对此办公室进行照明设计并绘制出原理图。

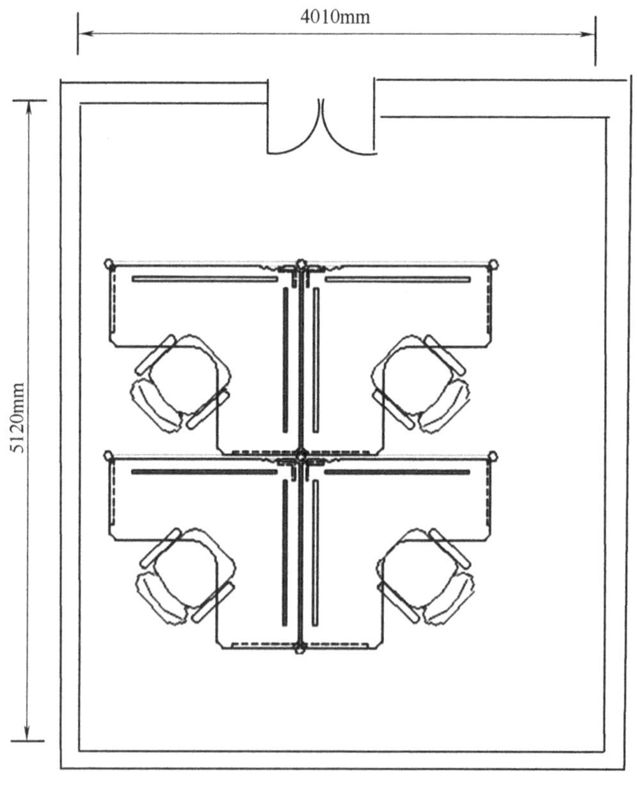

图 2-9　办公室平面图

【能力目标】

1）掌握照明灯具数量的计算。

2）能合理规划设计办公室照明线路。

3）能根据电路控制要求，合理选择电器元件及辅助材料。

4）能正确识读和绘制电路原理图和施工图。

5）能根据现场实际正确编写项目施工要求。

【知识链接】

一、办公室的照度标准

根据国家标准、规范要求，满足不同场所的照度、照明功率密度、视觉要求等规定，一般办公室照明功率密度值见表 2-6。

表 2-6　办公室照明功率密度

房间或场所	照明功率密度/W·m^{-2}		对应照度值/lx
	现行值	目标值	
普通办公室	11	9	300
高档办公室、设计室	18	15	500
会议室	11	9	300
营业厅	13	11	300
文件整理、复印、发行室	11	9	300
档案室	8	7	200

在照明光源的选择上应根据不同的使用场合选择合适的照明光源，在满足照明质量前提下，尽可能选择高光效的光源。本任务中办公室选择 T8 三基色直管型荧光灯，配电子镇流器，并加以无功功率补偿。此光源质量高，照度均匀。在满足灯具允许安装高度及美观的要求下，应尽可能降低灯具的安装高度，以节约电能。

一般办公室对灯具（光源）的数量计算采用系数法，计算公式为

$$n = EAK/F\eta\mu$$

式中　E——工作面上的平均照度，单位为 lx；

F——每个灯具光源的光通量，单位为 lm；

A——房间的面积，单位为 m^2；

K——照度补偿系数（查表）；

η——灯具效率（查表）；

μ——利用系数（查表）。

二、照明线路设计过程中应考虑的因素

1）分支最大负荷电流不宜超过 15A。

2）每一个支线的灯头数（一个插座也算一个灯头）一般在 20 个以内，最大负荷电流在 10A 以下时可增至 25 个。

3）分支线供电半径不应超过 30m。

4）重要房间和次要房间可分别由独立的分支线供电；如果插座电路装有漏电保护器或

插座较多，可专门敷设一条分支线对其供电。

5）空调设备由独立的分支线供电，以便设备一旦发生故障，可缩小事故范围；如果设备的负荷电流在 15A 以上，插座应装熔断器。

三、电线载流量计算及选择

常用电线的载流量既可以按照已学的方法进行估算，也可以根据以下经验数据快速估算。

电线载流率跟许多条件有关，如材质、电线种类、使用条件、连接方式等，因此最大值很难确定，但一般可以按下列公式计算：

$$电流数 = 平方数 \times 8$$

$$功率数 = 220 \times 截面积平方数 \times 8$$

式中的平方数指导线截面积单位为平方毫米时的数值，电流数的单位为 A，功率的单位为 W。这种计算方式是有足够裕度的，不用担心不够。例如，2.5 平方（mm^2）的电线，承载功率为 220 ×2.5 ×8 =4400（W），在进行电路改造时，业主应根据实际用电情况（用电设备功率大小、连接电器多少、电线长度等）进行考虑。

在实际工作中，还可以直接利用以下数据进行估算：1 平方电线的额定电流约为 5A，1.5 平方电线的额定电流约为 10A，2.5 平方电线的额定电流约为 15A，4 平方电线的额定电流约为 20A，6 平方电线的额定电流约为 30A，10 平方电线的额定电流约为 60A。如果是铝导线，线径要取铜导线的 1.5 ~2 倍。

【任务实施】

根据要求，按办公室的平面图（如图 2-9 所示）设计出该办公室的照明线路原理图、插座的布线图及施工图，在教师的指导下，将设计图绘制在标准格式的图纸上，并正确填写标题栏。

一、电光源及灯具的选择

办公室选用 2 ×20W 细管直管荧光灯（图 2-10）及电子镇流器。

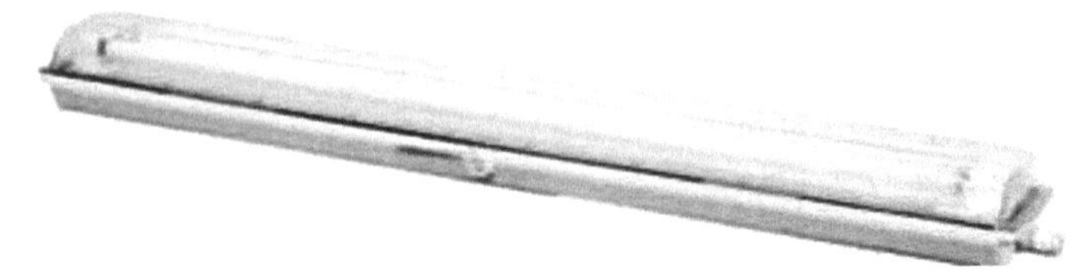

图 2-10 荧光灯

二、确定灯具布置方案并计算灯具数量

灯具按照与进门方向垂直的方向布置。

办公室的楼层高度为 3.6m，设计荧光灯吊高为 2.8m。

灯具数量的计算步骤：

1）根据表 3-1 选择计算系数：办公室照度 E_{pj} = 300lx，普通办公室的照明功率密

度$W=11\mathrm{W/m^2}$。

2）计算办公室面积$S=4.01\times5.12\mathrm{m^2}=20.5312\mathrm{m^2}$

3）计算办公室照明总安装容量$W=11\times20.5312\mathrm{W}=225.8432\mathrm{W}$

4）计算灯具数量$n=225.8432/(20\times2)=5.64608$，取整数6（20W是荧光灯管与镇流器损耗之和）。

5）灯具布置：在进门垂直方向分二排布置，每排三组灯管，均匀的布置在房间里。

三、灯具控制方式的确定

灯具控制采用分排控制，一个开关控制一排三组灯管，因此两个开关分别控制两排的6组灯管。

四、插座数量的确定

办公室共有4个工作位，除了考虑正常的电脑用电还要考虑打印机、扫描仪等办公设备，因此每个工作位安排两个五孔插座。插座额定电流选择10A；若空调为3P的柜机，因此插座额定电流选择20A。

五、导线的选择

根据灯具数量的计算结果，结合项目一任务三所学的常用负载电流的估算方法，荧光灯电流值取9A/kW，照明总电流$I=(20\times2\times6/1000)\times9\mathrm{A}=2.16\mathrm{A}$。

因此照明回路的导线应选择$1\mathrm{mm^2}$的铜导线。插座回路按总负荷的50%计算，即$10\mathrm{A}\times4\times50\%=20\mathrm{A}$，所以干线选择$4\mathrm{mm^2}$的铜导线，支线选择$2.5\mathrm{mm^2}$的铜导线。空调回路电流20A，应选择$4\mathrm{mm^2}$的铜导线。

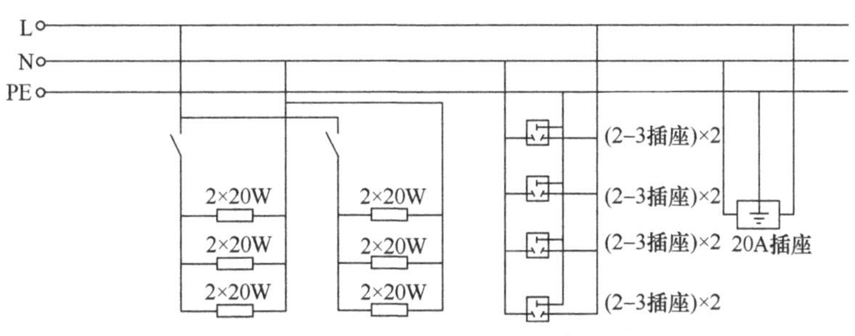

图2-11　办公室照明回路原理图

六、办公室照明回路原理图的绘制

将设计的办公室照明原理图绘制到标准图纸上。

七、绘制施工图

请根据办公室平面图（图2-9），结合照明原理图，绘制办公室照明线路施工图，并标注相关信息，如图2-12所示。

部分符号表示方法如表2-7所示。

表 2-7　部分符号表示方法

符　号	名　称
	双管荧光灯
	安装单相三孔插座
	单极暗装开关

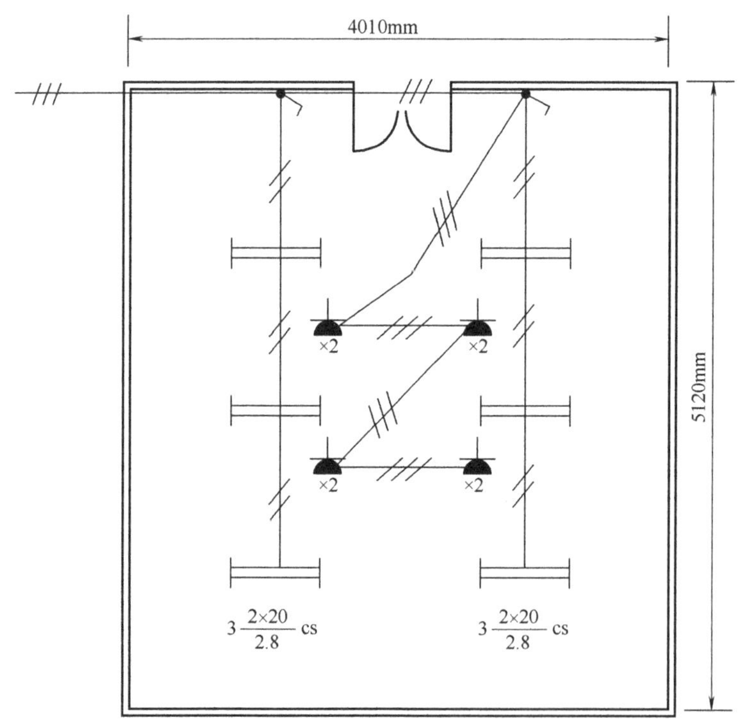

图 2-12　办公室照明施工图

【任务评价】

根据表 2-8 的内容，结合学生任务完成情况，给每位学生一个评价意见。

表 2-8　综合评价表

任务名称：　　　　　　　　　　　　　　班级：　　　　姓名：

任务评价				
序号	工作内容	个人评价	小组评价	教师评价
1	办公室照明线路的规划			
2	办公室照明线路的绘制（原理图、施工图）			
	平均得分			
问题记录和解决方法	记录任务实施过程中出现的问题和采取的解决办法（可附页）			

（续）

能力评价			
内　容		评　价	
学习目标	评价项目	小组评价	教师评价
应知应会	办公室照明线路基本参数的确定	□Yes　□No	□Yes　□No
	标准原理图、施工图的绘制	□Yes　□No	□Yes　□No
规范与安全	办公室照明线路规范设计	□Yes　□No	□Yes　□No
	电路参数符合要求	□Yes　□No	□Yes　□No
通用能力	团队合作能力	□Yes　□No	□Yes　□No
	沟通协调能力	□Yes　□No	□Yes　□No
	解决问题能力	□Yes　□No	□Yes　□No
	自我管理能力	□Yes　□No	□Yes　□No
	创新能力	□Yes　□No	□Yes　□No
态度	爱岗敬业	□Yes　□No	□Yes　□No
	善于思考	□Yes　□No	□Yes　□No
	卫生态度	□Yes　□No	□Yes　□No
个人努力方向			
教师、同学建议			

【思考与练习】

1. 办公室照明线路一般有哪些内容？
2. 普通办公室照明灯具的设计需要考虑哪些因素？
3. 普通办公室的照度一般控制在多少？
4. 照明线路每个分支电路的负荷一般控制在什么范围内？每个支路安装的灯具数量有什么规定？
5. 办公室挂壁空调的电源插座与普通单相电源的插座有什么区别？
6. 根据本任务提供的数据，估算 2.5mm^2 的铜导线能承载多大功率的用电设备？

任务四　办公室照明线路安装与检修

【任务描述】

根据任务三所设计的办公室照明线路原理图，在 2m^2 的实训室内安装照明线路，所需元器件及辅助材料由学生在材料目录中自行选取，并正确填写领料单。在安装操作过程中，学生必须注意实训安全，未经指导教师同意，禁止学生私自通电试验。

【能力目标】

1）掌握一个开关控制多灯电路的工作原理。
2）理解办公室照明元器件的作用及工作原理。
3）能根据电路控制要求，合理选择元器件及辅助材料。
4）能正确安装和调试照明线路。
5）会电路简单故障的排除。
6）会正确使用常用电工工具及电工仪表。
7）逐步养成安全操作习惯。

【知识链接】

一、室内配线的基本知识

室内配线是指敷设室内用电设备的供电和控制电路。

1. 室内配线的类型

室内配线有暗线安装和明线安装两种。暗线安装是指导线穿管埋设在墙内、地下、顶棚里的安装方法。明线安装是指导线沿墙壁、天花板、梁及柱子等表面敷设的安装方法。本任务采用明线安装。

2. 室内配线的主要方式

室内配线的主要方式通常有护套线配线、瓷（塑料）夹板配线、瓷瓶配线、槽板配线、电线管配线等。照明线路中常用的是瓷夹板配线、槽板配线和护套线配线；动力线路中常用的是瓷瓶配线、护套线配线和电线管配线。目前瓷瓶配线使用较少，多用塑料槽板配线和护套线配线。此次任务采用护套线配线方式。

3. 室内配线的技术要求

室内配线不仅要使电能传送安全可靠，而且要使电路布置正规、合理、整齐、安装牢固。首先所用导线的额定电压应大于电路的工作电压，导线的绝缘应符合电路的安装方式和敷设环境的要求。其次配线时应尽量避免导线接头，必须有接头时，应采用压接和焊接，并用绝缘胶布将接头缠好。导线连接和分支处不应受到机械力的作用，穿在管内的导线不允许有接头，必要时尽可能把接头放在接线盒或灯头盒内。同时室内配线应垂直或水平敷设，垂直敷设时离地面不低于 2m，水平敷设时不低于 2.5m，否则导线应外加钢管加以保护，防止机械损伤。

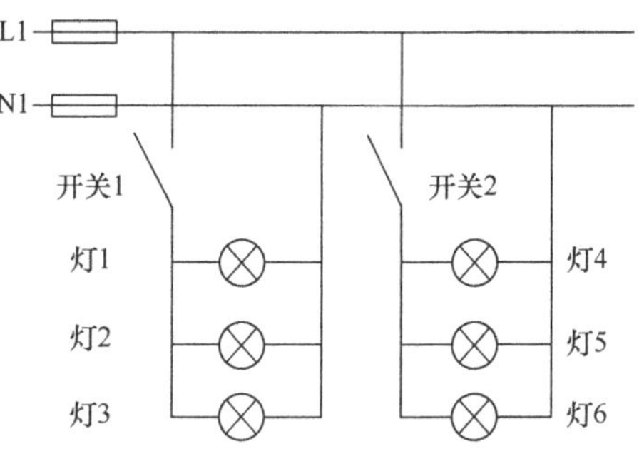

图 2-13　多灯并联原理图

二、多灯并联原理图的识读

根据图 2-13 分析，电路的工作原理是当合上电源开关时同一线路三盏灯同时有电流流过，三盏灯泡同时发亮，断开电源开关时电路形不成通路，灯泡中无电流通过，灯不亮。

【任务实施】

在 $2m^2$ 的实训间完成任务三所设计电路的安装与调试任务。电路采用护套线明敷设，安装电路必须符合规范，调试电路必须在指导教师的监护下进行，严格执行安全操作规程。

一、原理与施工图识图

根据任务三所设计的原理图 2-11，这里以图 2-13 为例，让学生自行设计出安装图。参考安装图如图 2-14 所示。

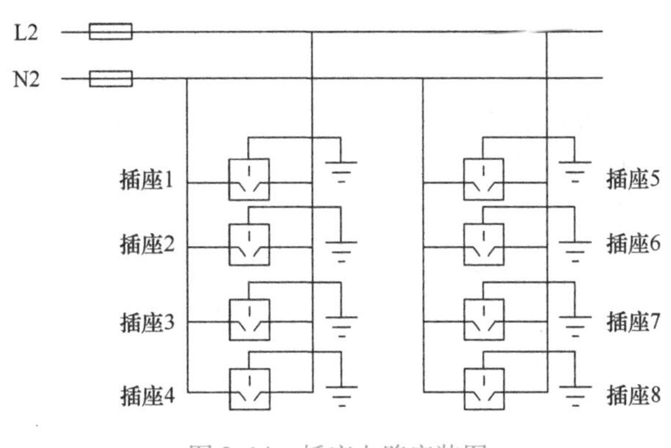

图 2-14　插座电路安装图

二、元器件的选择

根据电路原理图，确定安装电路所需要的元器件，并在实训室提供的常用照明电器中选择合适的元器件规格型号及数量，将选定的结果填入表 2-9 中。

表 2-9　领料单

班级：　　　　　　　　姓名：　　　　　　　　组别：

项目名称：

序　　号	名　　称	规格型号	数　　量	备　　注
1				
2				
3				
4				
5				
6				
7				
8				
9				
10				

审核：　　　　　　　　发货人：

三、电路的安装

根据电路安装要求，凭教师审核的领料单，自行到仓库领取元器件及附件，并认真检查所领元器件是否完好，如有缺损请及时更换或说明。

领取元器件材料后，检查各自的电工工具，做好安装电路的准备工作。

1）按设计图纸确定灯具、插座、开关等设备的位置，并做好记号。确定导线敷设的路径，在墙壁上做好记号。

2）根据自行设计的电器元件布置图，将线盒固定在天花板或墙壁上。

3）根据控制原理，沿确定的电路走向和导线数量布线。布线应注意规范，导线规格型号及颜色选择得当；线盒中必须留有一定长度的导线，方便开关器件的连接及电路检修。

4）安装开关灯具。导线装接处必须牢固可靠，导线露铜在规定范围内，需要绝缘恢复的地方，恢复处的绝缘强度不得低于原标准。

5）用万用表检查电路，检查无误后，安装固定开关插座。开关面板固定正确，注意开关的“开”与“关”的位置。面板固定牢固，排列整齐美观。

6）整理操作台，将多余的耗材整理到规定位置，清除操作台的垃圾，工具按照规范摆设整齐，同时做好电路调试的准备工作。

四、电路的调试

完成电路安装并检查无误后可以向教师申请通电调试，经指导教师确定后方可通电调试，电路调试一般按照以下步骤进行：

1）用万用表检测电路是否有短路现象（注意断开负载后测量或注意电路的电阻值）。

2）确定无短路现象后接通电路。

3）操作开关，检测灯工作是否正常（检测插座可用试灯的方式检测）。

4）若电路有故障，应根据电路原理分析故障原因，再用万用表检测故障部位。

5）确定故障部位后，卸下相关电气设备进行检修。

6）检修结束后通电调试，检测相关故障是否已经排除。

五、电路的检修

1. 照明线路常见故障

（1）短路

发生电路短路故障时通常表现为电流剧烈增大，熔断器熔丝熔断，短路点有明显烧痕，绝缘炭化，严重的会使导线绝缘层烧焦，甚至会引起火灾事故等，短路故障是所有故障中危害性最大的。

产生短路故障原因主要有：电路安装不合格，如绝缘导线线间距离不够，缠绕在一起；导线与用电设备连接时多股导线未缠紧，压接不实，有毛刺或导线接头碰在一起；相线、零线压接松动，距离过近，遇到某些外力使其相碰，如灯头螺口松动，装灯泡时灯口内部中心金属片与螺纹部分相碰；恶劣天气，如大风使绝缘支撑物损坏，导线互相摩擦，致使导线绝缘层损坏，出现短路，雨天时电气设备防水设施损坏，雨水进入电气设备内造成短路等；线路长期过负荷，造成导线剧烈发热，绝缘损坏，造成短路等。

（2）断路

发生电路断路故障时通常表现为电路无电压，照明灯不亮，一切用电器不能工作，相线、零线均可能出现断线。

产生断路故障原因主要有：开关触点松动，接触不良；因负荷过大而使熔丝熔断；导线断线及接头松弛；安装时接线端子处压接不实，接触电阻过大，使接触处长期过热，造成导线及接线端子处氧化变质；因施工质量低劣或导线质量欠佳导致转用处的线芯被折断等。

（3）漏电

发生电路漏电故障时通常表现为地线带电，使用电器外壳带电等。出现漏电不但浪费电能，而且可能引起触电事故，应及时排查处理。

产生漏电故障原因主要有：接头处绝缘包扎不妥，绝缘层破损；导线绝缘性能下降；用电设备的绝缘部分长期在比较潮湿或油污的环境下使用。

2. 照明线路常见故障检修

（1）短路

查找短路故障时，一般用试灯或万用表检查方法，试灯方法较直观，但应有防止触电的措施。万用表检查方法可以在断电的情况下进行操作，较为安全。以本节安装的线路为例介绍用万用表排除短路故障。

1）首先将照明线路各分支的开关全部断开，用万用表的电阻档测量 L1—N1 的阻值，若阻值为 0 则主干路出现短路，反之主干路正常。

2）将左开关闭合、右开关断开，用万用表的电阻档测量 L1—N1 的阻值，若阻值为 0 则左支路短路。将左支路的 3 个灯取下，注意观察灯座的接线是否有相线与零线相碰的现象。

3）将右开关闭合、左开关断开，用万用表的电阻档测量 L1—N1 的阻值，若阻值为 0 则右支路短路。将右支路的 3 个灯取下，注意观察灯座的接线是否有相线与零线相碰的现象。

（2）断路

查找断路故障时先观察断路故障现象，若电路中所有电灯都不能正常工作，说明主干线回路有断路故障。可用试电笔或万用表检查电源总开关和总熔断器，看是否有接触不良、导线松拖、熔丝熔断等，如果都完好，则由前逐步向后检查，找出断线点。若是仅有几盏灯不亮，说明只是局部导线发生断路，这时只需查找这几盏灯的共用导线即可。个别灯不亮，应重点检查这只灯的灯泡、灯头、灯座、开关等，若没问题，再检查与该灯连接的电路。

（3）漏电

查找漏电故障时应先关掉总开关或拔下总熔断器的熔丝，取下灯泡，拔下所有家用电器的电源插头，用绝缘电阻表测试导线与大地及导线与导线之间的绝缘电阻。相线与相线之间的绝缘电阻不应小于 0.38MΩ；相线与零线及相线、零线与大地或设备外壳之间的绝缘电阻不少于 0.22MΩ。使用中的电风扇、电吹风、洗衣机等用电器的绝缘电阻应不低于 0.5MΩ，若阻值少于规定数值，则重点检查。

【任务评价】

根据表 2-10 的内容，结合学生任务完成情况，给每位学生一个评价意见。

表 2-10 综合评价表

任务名称： 班级： 姓名：

任务评价				
序号	工作内容	个人评价	小组评价	教师评价
1	办公室照明线路原理图的识读			
2	办公室照明线路中元器件的选择			
3	电路的安装			
4	电路的调试			
	平均得分			
问题记录和解决方法	记录任务实施过程中出现的问题和采取的解决办法（可附页）			

能力评价			
内　容		评　价	
学习目标	评价项目	小组评价	教师评价
应知应会	办公室照明线路原理图的识读	□Yes □No	□Yes □No
	正确安装办公室照明线路	□Yes □No	□Yes □No
规范与安全	办公室照明线路规范安装	□Yes □No	□Yes □No
	办公室照明线路的安全检测	□Yes □No	□Yes □No
通用能力	团队合作能力	□Yes □No	□Yes □No
	沟通协调能力	□Yes □No	□Yes □No
	解决问题能力	□Yes □No	□Yes □No
	自我管理能力	□Yes □No	□Yes □No
	创新能力	□Yes □No	□Yes □No
态度	爱岗敬业	□Yes □No	□Yes □No
	善于思考	□Yes □No	□Yes □No
	卫生态度	□Yes □No	□Yes □No
个人努力方向			
教师、同学建议			

【思考与练习】

1. 在电路安装过程中，所使用的导线颜色如何选择？
2. 灯具采用并联连接与串联连接的区别？
3. 图 2-13 所示并联的三盏灯，如果其中一盏灯出现断路，则另外两盏灯会如何？

项目三 家居照明线路安装与检修

照明是家居的眼睛，家庭中如果没有照明，就像人没有了眼睛，没有照明的家庭只能生活在黑暗中，所以家居照明在家庭的位置是至关重要的。如今人们对家居照明的要求越来越高，现代家居照明灯具已不仅仅只用于照明，还用于装饰房间，家居照明的控制也不再局限于简单的开和关，而是逐步向智能化方向发展。

任务一 家居照明线路[illegible]分析

【任务描述】

前面已经进行了基础技能训练和基本控制方式的学习，完成了办公室照明线路的安装与检修，本任务主要学习家居照明的基本组成、新型照明灯具 LED、电能的计量方法、电能表的选件及接线要求、照明配电箱。

【能力目标】

1）掌握家居照明的基本组成。

2）认识 LED 新型照明灯具。

3）能根据勘察的现场，合理选择电器元件及辅助材料。

4）掌握电能的计量方法。

5）掌握家居照明线路配电箱的配置和制作过程。

【知识链接】

一、家居照明的基本组成

现代社会，人民的生活水平和住房条件不断提高，家用电器设施不断更新，室内老式配线方式正逐步被新型的配线方式和新型材料所替代。电气作业人员应依据客户需求或合同要求，进行工程设计（正确选择导线和电器）、工程造价预算、准备工具设备、制定施工方案，通过小组合作工作的形式，按照安装设计图纸要求和照明线路施工规范要求，完成家居照明工程的安装调试任务。在以后的照明设施使用过程中，对电路和电气设备出现的故障进行诊断和修复，发现并排除电路和设备中存在的安全隐患。对照明线路和电气设备的安装、检修工作要符合标准规范，确保电气连接接点可靠，自觉保持安全作业和“7S”的工作要求。

二、LED 新型照明灯具的认识

传统的照明技术存在发光效率低（一般白炽灯发光效率为 20% 左右，普通节能灯发光效率为 40% ~50%）、耗电量大、使用寿命短，光线中含有大量的紫外线、红外线辐射，照明灯具一般是交流驱动，不可避免的产生频闪而损害人的视力，普通节能灯的电子镇流器会产生电磁干扰，且荧光灯含有大量的汞和铅等重金属，无法全部回收，会造成环境污染等问题。现代生产和生活的发展迫切需要一种高效节能、无污染、无公害的绿色照明技术来取代传统照明技术。近年来，经过科学家的技术攻关，一种新型光源技术—LED 照明技术正在趋于成熟，并开始投入生产，走向市场。

LED（Lighting Emitting Diode）即发光二极管，是一种半导体固体发光器件。它是利用固体半导线芯片作为发光材料，在半导体中通过载流子复合放出过剩的能量而引起光子发射，直接发出红、黄、蓝、绿、青、橙、紫和白色的光。LED 照明产品就是利用 LED 作为光源制造出来的照明灯具。LED 技术始于 20 世纪五六十年代，已经广泛应用于工业生产和家庭生活，例如电子表、数字式万用表、LED 液显电视机、交通信号灯等。现在科技人员研制出的大功率 LED 照明光源系列产品通过鉴定，填补了国内此类产品的空白，并开始向产业化发展。

LED 照明技术具有如下特点：

1）高效节能，1000h 仅耗电 1kW · h（普通白炽灯 17h 耗电 1kW · h，普通节能灯 100h 耗电 1kW · h）。

2）超长寿命，使用寿命一般 50000h（普通白炽灯使用寿命仅有 1000h，普通节能灯使用寿命也只有 10000h）。

3）光线健康，光线中不含紫外线和红外线，不产生辐射。

4）绿色环保，不含汞和铅等有害元素，利于回收和利用，而且不会产生电磁干扰。

5）保护视力，直流驱动，无频闪，光效率高。

6）发热小，90% 的电能转化为可见光，安全系数高。

7）驱动电压低、工作电流较小，发热较少，不产生安全隐患，可用于矿场等危险场所。

8）市场潜力大，低压、直流供电，电池、太阳能供电即可，可用于边远山区及野外照明等缺电、少电场所。

三、电能的计量方法

电能表是电力企业中普遍使用的电测仪表，用于计量用户使用电能的。应用上分为：广大用电户使用和电业部门自身使用。

电能表（简称电度表）不同于其他电测仪表，是《计量法》规定的强制检定贸易结算的计量用具。随着我国电力事业的发展，电业部门本身的重要经济指标如发电量、供电量、售电量、线损等电能计量装置（以下称计量装置）也日益增多。

城乡普遍使用的是低压供电、低压计量的电测仪表，经 10kV 公用配电变压器供电给用户。电能表额定电压：单相电压220V（居民用电），三相3×380V/220V（居民小区及中小动力和较大照明用电），额定电流：5(20)A、5(30)A、10(40)A、15(60)A、20(80)A和30(100)A，括号内为最大电流，使用这些表直接计量时，用电量直接从电表内读出。

电能表除分单相、三相外，还有有功表、无功表之分。目前制作准确度等级分为：0.5、1.0和2.0级。

我国目前还普遍使用的感应式电能表，已沿用百年历史以上。此类表功能单一、准确度低，已不适应电力事业迅速发展的需要。近年来，随着微电子技术的快速发展，电子式（静止式）电能表应运而生。由于其功能多、准确度高、无磨损、使用寿命长、免维修等优点，受到广大用户的欢迎，现已大规模使用。

电能表一般为宽容量设计，宽容量设计的目的是为了确保电能表超过铭牌标定电流的数倍时，仍能正确计量，从而提高了电能表过载能力。早期使用无宽容量设计的电能表时，在设计中允许电能表短时过载1.5倍电流。虽然现在允许过载电流有2倍、4倍甚至6倍的宽容量电能表，但在配置电能表时，一般不按最大电流配表配置。如用户申请用电容量为单相5kW，若配置单相20A非宽容量电能表，在实际使用中，短时超过50%负荷时，电能表仍在设计允许范围内；而配置单相5(20)A宽容量电能表时，其最大负载电流只允许20A，如过载就有可能烧表。正确配置应按最大电流的50%配表，以防烧表。用户负荷电流为50A以上时，宜采用经低压CT接入式的接线方式配表。

用脉冲转换机械计度器计量的各种电子式电表，绝不能允许严重过载运行，否则即使不发生烧表，也会发生少计电量的情况。因为经光电输出的脉冲是一个占空比为50%的方波，按步进方式推动计度器齿轮计度，严重过载时会造成脉冲重叠、步进乱套，从而少计电量，且一时很难发现。

对电能计量的方法可以分成以下几种类型：

1）传统手工型。这是最为古老的方式，采用的是“一家一表”模式，到一定时期由电力工作人员挨门挨户收取电费。这种方法的缺点是显而易见的，不但劳动强度大，而且不能对用户进行统一管理。

2）IC卡型。为了降低电力工作人员的劳动强度，采用了由用户上电力公司购电这种方式。为此开发了新型的电能计量仪表—IC卡式电度表，采用预付费式，用户先用卡购电，然后才能使用。这种方式在城镇地区广泛使用。

3）自动抄表。自动抄表这种方式是近些年广泛探讨且逐步尝试实现的一种方式，它是计算机技术和网络通信技术在电力部门应用的一个生动实例。它的基本实现模式是：用户的用电量通过计量仪表计量后，由采集器采集，采集器和通信网络相连，通过网络传输到电力部门的管理中心。目前采用的网络传输技术主要有光纤网络、电话网络、电力线载波网络、总线网络以及无线通信网等技术。自动抄表的发展方向和计算机网络的发展紧密相连，它的一个发展方向就是“三网合一”，即电力网、广播网、通信网合三为一，通过一个高带宽、大容量、高速度的网络将通信、数字业务、广播等结合起来。

四、电能表的选件及接线要求

1）电能表的额定电压应与电源电压一致，额定电流应与铭牌一致。

2）单相电能表用于直接计量时，连接方式为“1、3 进，2、4 出”，其中 1、2 接相线，3、4 接中性线，如图 3-1 所示。

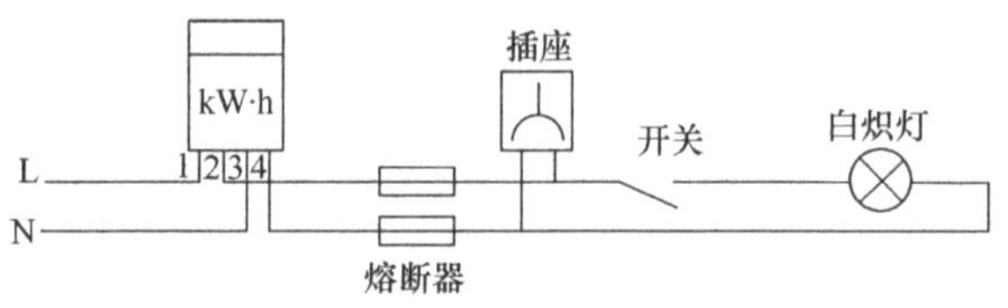

图 3-1　直接计量式电能表电路原理图

3）当所测电流超过 50A 时，宜采用经电流互感器接入电能表的接线方式，连接方式如图 3-2 所示。其中电能表的电压线圈接 220V 电源，电流线圈串接互感器二次绕组。实际用电量是电表读数与互感器倍率的乘积。

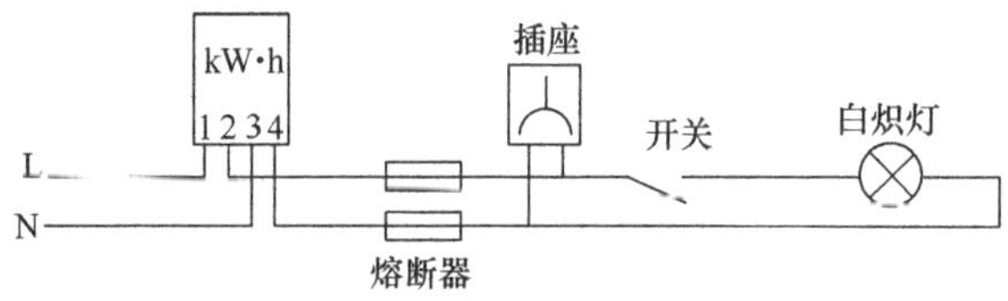

图 3-2　采用电流互感器的电度表计量电路

五、照明配电箱

照明配电箱又称分路箱，PZ30 为家居照明普遍使用的小型照明配电箱，外形如图 3-3 所示。

PZ30 终端组合式配电箱（简称配电箱）采用钢塑结构的形式，箱体基座采用钢结构并镀覆，端盖采用阻燃工程塑料注塑制成且配有透明聚碳酸酯防护罩。配电箱既有塑料艺术的美感，又有钢结构的坚固，透明罩使开关电器的工作状态一目了然。配电箱内的电器元件采用导轨安装，元件宽度均以 9mm 为模数。布置紧凑合理，安装、拆卸、维修均很方便，可根据用户需要配制小型断路器。

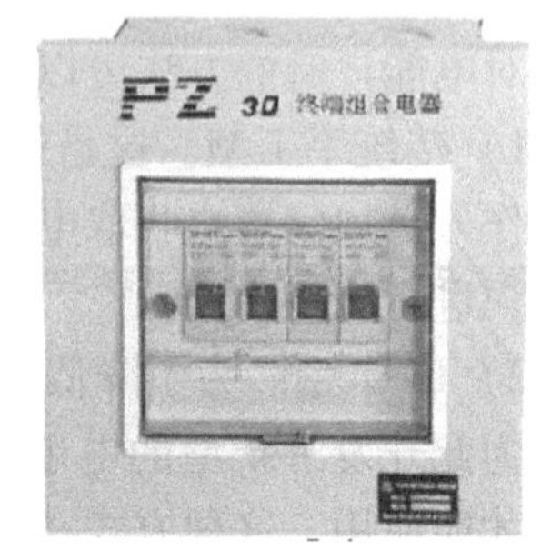

图 3-3　PZ30 照明配电箱

PZ30 终端组合配电箱适用于额定电压 220V 或 380V，负载总电流不大于 100A 的单相三线或三相五线的末端电路，作为对用电设备进行控制，对过载、短路、过电压和漏电起保护作用的一种成套装置。PZ30 终端组合配电箱可以广泛应用于高层建筑、宾馆、住宅、车站、港口、机场、医院、影剧院和大型商业网点等。

【任务实施】

勘察现场，制定家居照明线路的计划，通过协作完成家居照明线路的考察分析任务。

1）各小组接受任务，查阅相关资料，设定角色，制定勘察家居现场分工明细，表 3-1 是角色安排表，学生可根据各组情况增设角色或者划分任务明细。

表 3-1　角色安排表

扮演角色	姓　　名	联系电话	具体分工，需完成任务
房屋业主			说明照明要求
安装公司			完成勘察现场，根据客户需求完成初步计划
材料员			根据设计电路的走线及现场情况列出材料清单
监督员			认真执行监理工作，担任观察员

2）勘察现场时需遵循安全操作要求，正确使用工量具，根据测量数据，画出现场的比例平面图。温馨提示：到现场认真测量每间房子的长、宽、高，了解电源线位置以及墙体位置，以便画出比例平面图。

3）根据客户需要，画出家居照明灯具、插座的分布情况。

4）根据客户需要，确定各灯具的控制方式。

5）结合客户要求，初步确定配电箱位置、分路方案、空调位置等信息。

【任务评价】

根据表 3-2 的内容，结合学生任务完成情况，给每位学生一个评价意见。

表 3-2　综合评价表

任务名称：　　　　　　　　　　　　班级：　　　　姓名：

任务评价				
序号	工作内容	个人评价	小组评价	教师评价
1	角色扮演			
2	测量与绘制家居平面图			
3	确定各灯具的控制方式			
4	制定总电箱安装位置、分路方案			
	平均得分			
问题记录和解决方法	记录任务实施过程中出现的问题和采取的解决办法（可附页）			

能力评价			
内　　容		评　　价	
学习目标	评价项目	小组评价	教师评价
应知应会	认识家居照明的基本组成	□Yes　□No	□Yes　□No
	现场勘探与安装方案的确定	□Yes　□No	□Yes　□No
规范与安全	勘探活动安全有序	□Yes　□No	□Yes　□No
	电路设计符合要求	□Yes　□No	□Yes　□No
通用能力	团队合作能力	□Yes　□No	□Yes　□No
	沟通协调能力	□Yes　□No	□Yes　□No
	解决问题能力	□Yes　□No	□Yes　□No
	自我管理能力	□Yes　□No	□Yes　□No
	创新能力	□Yes　□No	□Yes　□No
态度	爱岗敬业	□Yes　□No	□Yes　□No
	善于思考	□Yes　□No	□Yes　□No
	卫生态度	□Yes　□No	□Yes　□No
个人努力方向			
教师、同学建议			

【思考与练习】

1. 在家居照明中，灯具的作用除照明外还有什么功能？
2. 通过实地考察并与客户交流，分析一般家居照明常用哪几种灯具？
3. LED照明灯的优点有哪些？
4. 在家居照明线路中，功率比较大的用电设备有哪些？
5. 以一个典型的三室一厅住房为例，哪些房间用电量比较大，电路设计时需给予特别考虑？

任务二

【任务描述】

在学习了家居照明线路考察分析后，开始进入基本控制方式的学习，主要学习照明灯具两地控制基本原理，单联双控开关的安装等相关内容。这些内容在家居照明线路施工时一定会用到，大家必须认真学习，掌握相关知识与技能，以便更好地完成后续学习任务。

【能力目标】

1）掌握照明线路两地控制的原理。
2）了解双控开关的结构、原理。
3）学会正确安装两地控制照明线路的方法。

【知识链接】

在日常生活中，我们最常用的是用一只开关来控制一盏灯，每次开、关电灯时，都需要走到开关的位置操作。但有些特殊的地方，如上下楼梯的照明灯、卧室里的照明灯等，仍采用上述控制方式就会给我们的生活带来了一定的麻烦。为了方便起见，我们需要采用两地控制方式。本任务将学习白炽灯两地控制电路。

一、白炽灯两地控制电路

所谓两地控制（异地控制），是指同一个照明灯具在两个不同的地方接受控制，即两个地方对同一个灯都可以实现开和关的控制，常见的楼道照明灯、卧室照明灯就是这种控制方式。白炽灯两地控制电路图如图3-4所示。

其中，S_1 和 S_2 是安装于不同位置的开关，任意操作 S_1 或 S_2，都可以实现对EL的开关控制。

需要注意的是，电源的中性线N必须直接与灯具相接，不能与开关的任意电极相接，相线L和一个开关相接，另一个开关接灯具，中间用两根导线连接 S_1 和 S_2。两个开关的连接必须注意动、静触点的区别。

二、单联双控开关

联指的是同一个开关面板上有几个开关按钮，单联表示一个开关面板上有一个按钮，双

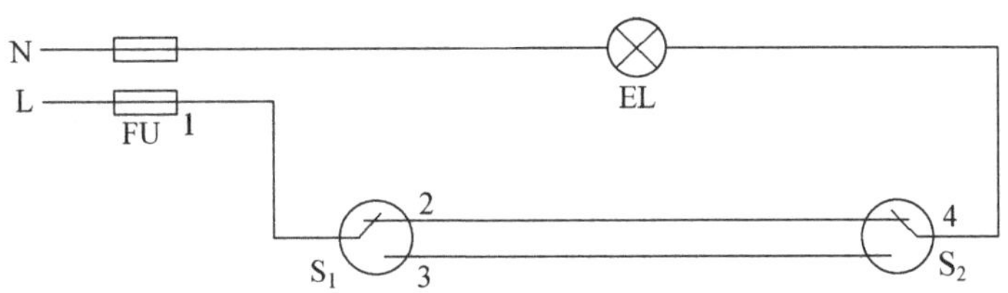

图 3-4　白炽灯两地控制电路

联表示一个开关面板上有两个按钮；三联表示有三个按钮。控指的是开关按钮的控制方式，一般分为单控和双控两种。单控开关内部只有一对触点（接通或断开）；双控开关内部有两对触点，一对闭合，另一对断开，按动开关，两对触点的状态交替变化。通常情况下，双控开关引出 3 个接线柱，两对触点共用一个接线柱，这个触点称为动触点，使用时应特别注意。双控开关的形状及触点分布位置各不相同，但原理结构基本相同，一般用万用表即可判别，这里不作介绍。单联双控开关的外形如图 3-5 所示。

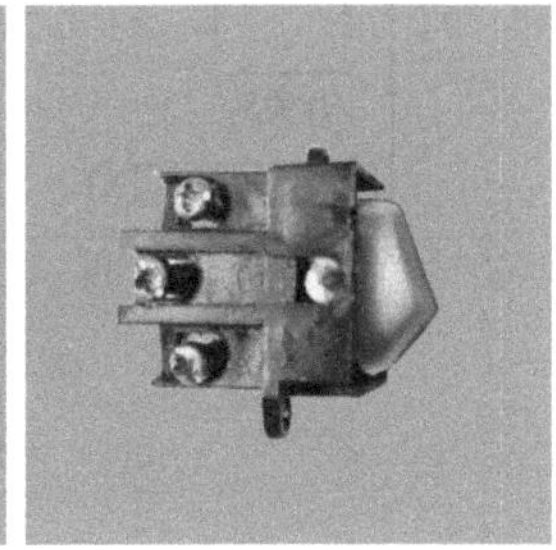

图 3-5　单联双控开关外形

三、白炽灯两地控制电路的其他形式

仔细分析图 3-6 所示的三个两地控制电路工作原理，不难发现，这三种电路都可以实现对灯具的异地控制。此三种电路在低电压实验且确保设施设备及人身安全的情况下可以使用，但在照明线路中被禁止使用。

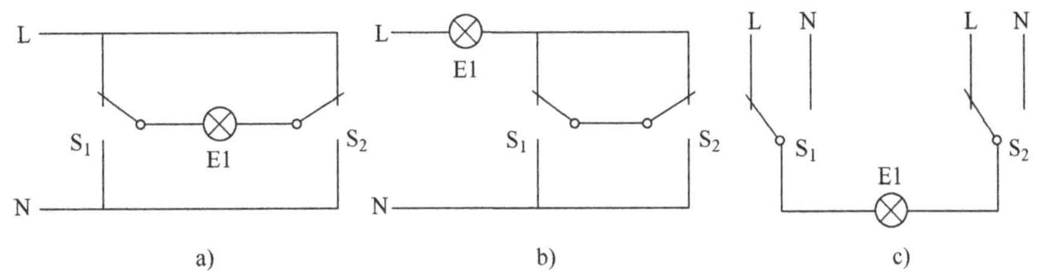

图 3-6　两地控制电路的其他形式

图 3-6a 可以实现灯的异地控制，但不能确保灯关闭状态下不带电，存在安全隐患。

图 3-6b 也可以实现灯的异地控制，但因相线接入白炽灯，关闭状态下灯带电，也存在安全隐患。

图 3-6c 同样可以实现灯的异地控制，但也不能保证关闭状态下白炽灯不带电，仍然存在安全隐患。

另外，图 3-6a 和图 3-6c 都需要将相线和中性线同时接入一个开关，这种接法及容易造成短路，所以不予采用。

【任务实施】

在任务实施前，将班级学生分成若干个小组，每组 5 人左右，确定一名学生为组长。电路安装实操时一人一岗位，安装完毕后由各小组组织学生自查和互查。

白炽灯两地控制电路原理如图 3-4 所示，其对应的安装示意图如图 3-7 所示。

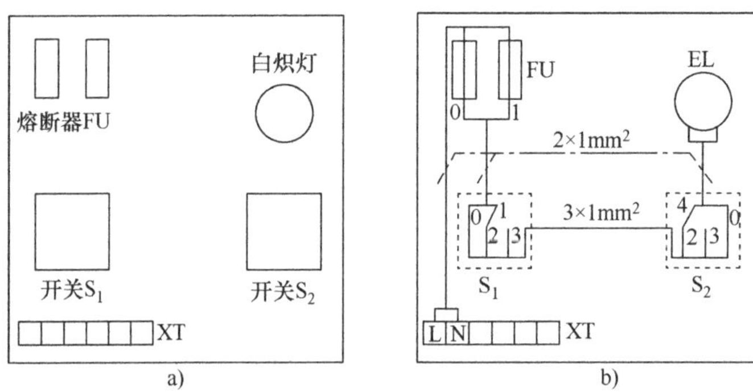

图 3-7　两地控制电路安装示意图

a）元器件布置图　b）接线图

一、元器件选择

根据控制线路的要求，选择 60W 白炽灯进行两地控制线路的安装，采用平装螺口灯座圆木安装形式，选择合适容量、规格的元器件。材料清单如表 3-3 所示。

表 3-3　材料清单

序　号	元器件名称	型号、规格	数量（长度）	备　注
1	白炽灯	220V、60W	1	
2	单联双控开关	4A、250V	2	
3	平装螺口灯座	4A、250V、E27	1	
4	圆木		1	
5	PVC 开关接线盒	44×39×35	2	
6	熔断器	RL1—15	2	配熔体 2A
7	塑料导线	BV—1mm^2	5m	
8	接线端子排	JX3—1012		
9	接线板	700mm×550mm×30mm	1	

二、元器件安装及布线

元器件安装及布线操作方法和注意事项如表 3-4 所示。

表 3-4 元器件安装及布线操作方法和注意事项

安装项目	图 片	操作方法	注意事项
安装熔断器		将熔断器安装在控制板的左上方，两个熔断器之间要间隔 5 ~ 10cm 的距离	① 熔断器下接线座要安装在上，上接线座安装在下 ② 根据安装板的大小和安装元件的多少，上方及左侧各留 10 ~ 20cm 的距离
安装开、关接线盒	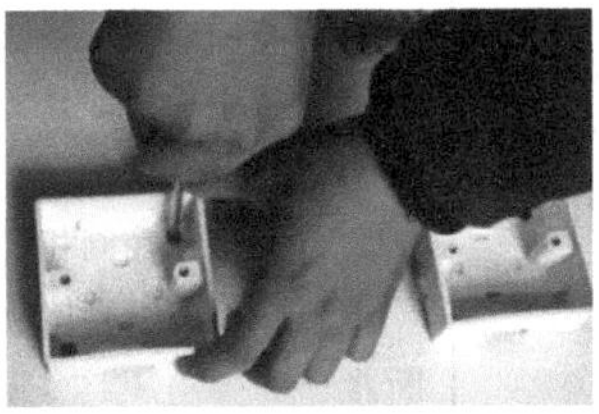	根据布置图用木螺钉将两个开关接线盒固定在安装板上	两个开接线盒侧面的圆孔（穿线孔）一个开上方、右侧的孔，另一个开左侧、下方的孔
安装端子排	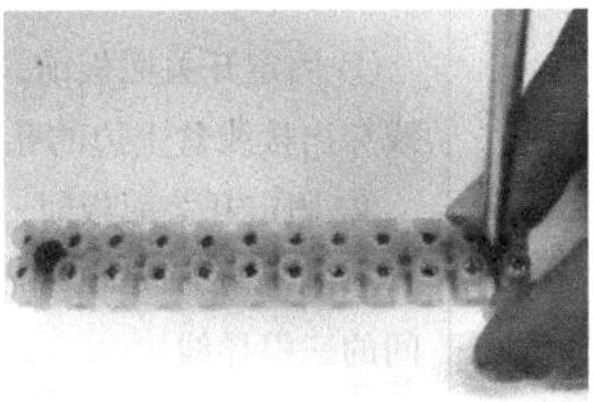	将接线端子排用木螺钉安装固定在接线板下方	①根据安装任务选取合适的端子排 ②端子排固定要牢固，无缺件，绝缘良好
安装熔断器至开关 S_1 的导线	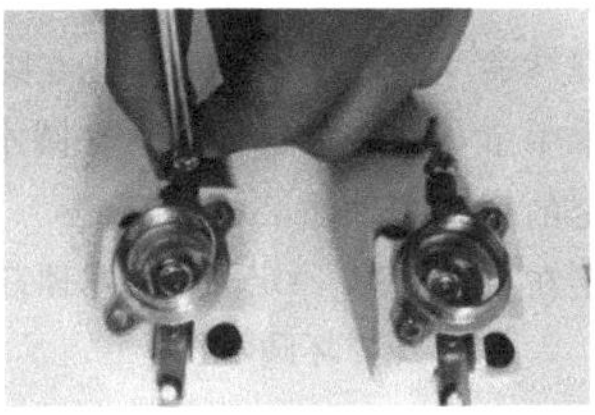	将两根导线顶端剥去 2cm 绝缘层→弯圈→将导线弯直角 Z 形→接入熔断器两个上接线座	① 剖削导线时不能损伤导线线芯和绝缘，导线连接时不能反圈 ② 导线弯直角时要做到美观、导线走线时要紧贴接线板、要横平竖直、平行走线、不交叉
开关 S_1 面板接线	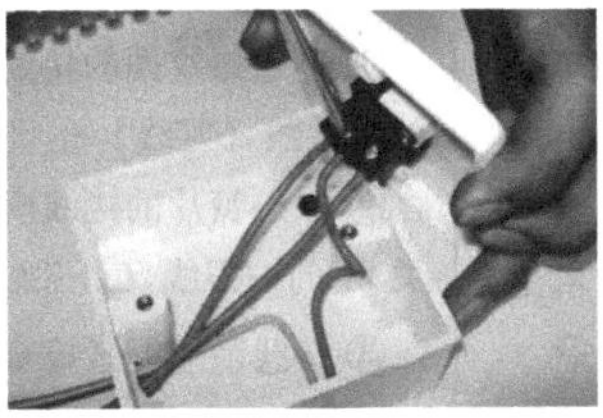	将来自于熔断器的相线接在中间接线座上，再用两根导线接在另两个接线座上	① 中间接线座必须接电源进线，另两个接出线，线头需弯折压接 ② 开关必须控制相线 ③ 零线不剪断直接从开关盒引到熔断器
固定开关 S_1 面板	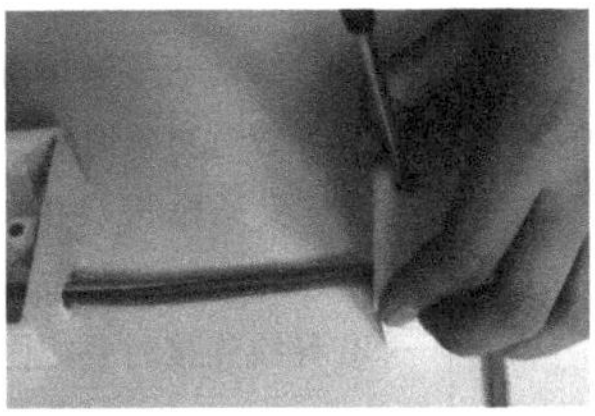	将接好线的开关 S_1 面板安装固定在开关接线盒上	① 固定开关面板前，应先将三根出线穿出接线盒右边的孔 ② 固定开关面板时，其内部的接线头不能松动，同时拉直两根电源进线

（续）

安装项目	图　片	操作方法	注意事项
安装两开关盒之间的导线		将来自于开关 S_1 的两根相线和一根零线引至开关 S_2 的接线盒中	① 走线要美观、要节约导线 ② 两开关盒之间有三根导线 ③ 零线不剪断直接从开关 S_2 接线盒引到开关 S_1 接线盒中
开关 S_2 面板接线	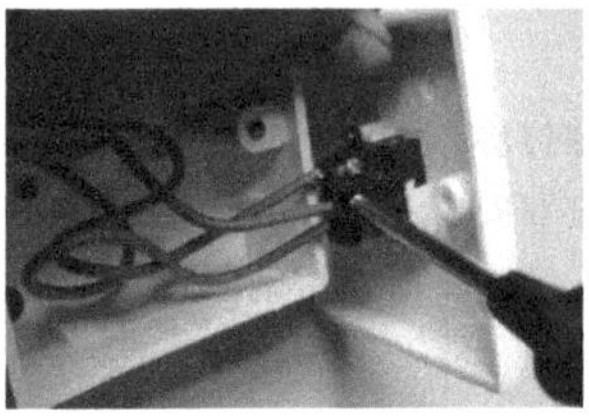	将来自于开关 S_1 接线盒的两根相线接在左右两边两个接线座上，再用一根导线接在中间一个接线座上	① 左右两边两个接线座必须接电源进线，中间一个接出线，线头需弯折压接 ② 开关必须控制相线 ③ 零线不剪断直接从开关盒引到熔断器
固定开关 S_2 面板	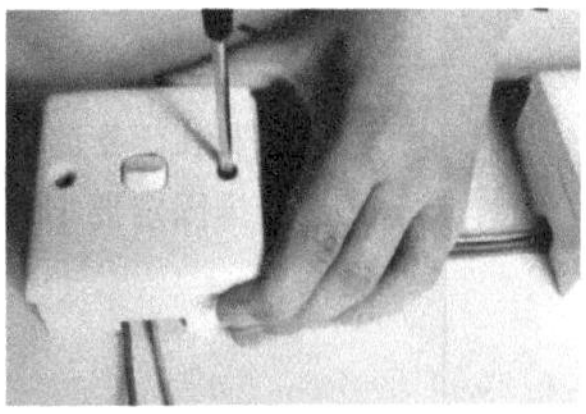	将接好线的开关 S_2 面板安装固定在开关接线盒上	① 固定开关面板前，应先将两根出线穿出接线盒上边的孔 ② 固定开关面板时，其内部的接线头不能松动，同时理顺拉直两开关之间的三根导线
安装圆木	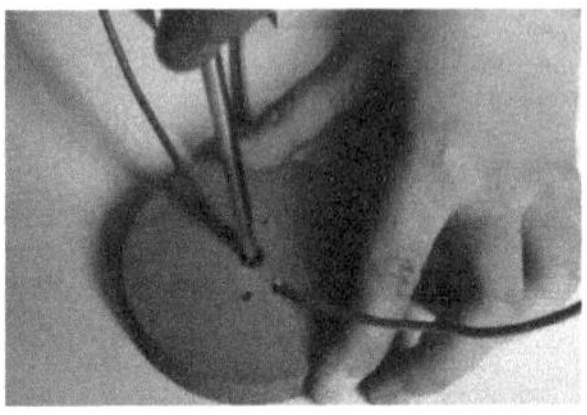	将来自于开关 S_2 接线盒的两根导线穿入圆木中事先钻好的两孔中一定的长度，然后将圆木固定在接线板上	① 安装圆木前先在圆木的任一边缘开一 2cm 的口，在圆木中间钻一孔、以便固定 ② 固定圆木的木螺钉不能太大，以免撑坏圆木
平装螺口灯座		将穿过圆木的两根导线从平灯座底部穿入，再连接在灯座的接线座上，然后将灯座固定在圆木上，最后旋上灯座胶木外盖	① 连通螺纹圈的接线座必须与电源的中性线（零线）连接 ② 中心簧片的接线座必须与来自开关 S_2 的一根线（开关线）连接 ③ 接线前应绷紧拉直外部导线
安装端子排至熔断器导线	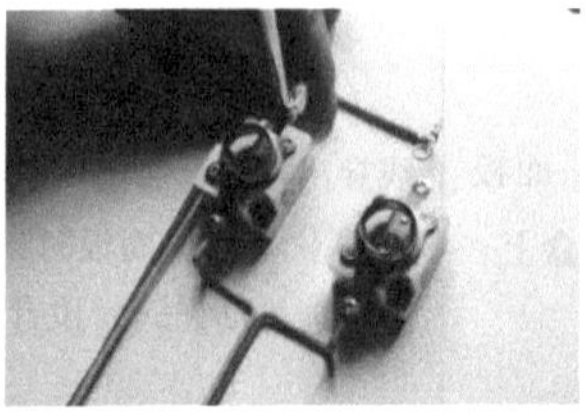	截取两根一定长度的导线，将导线理顺拉直，一端弯圈、弯直角接在熔断器下接线座上，另一端与端子排连接	① 接线前应绷紧拉直导线 ② 导线弯直角时要做到美观、导线走线时要紧贴接线板、要横平竖直、平行走线、不交叉 ③ 导线连接时要牢固、不反圈

三、电路检查

电路检查操作方法及注意事项如表3-5所示。

表3-5　电路检查操作方法及注意事项

检查项目	实训图片	操作方法	注意事项
目测检查		根据电路图或接线图从电源开始看线路有无漏接、错接	① 检查时要断开电源 ② 要检查导线接点是否符合要求、压接是否牢固 ③ 要注意接点接触是否良好 ④ 要用合适的电阻档位进行检查，并进行“调零” ⑤ 检查时可用手按下开关
万用表检查	①　②	用万用表电阻档检查电路有无开路、短路情况。装上白炽灯，万用表两表棒搭接熔断器两出线端，按下任一开关指针应指向“0”；再按一下开关指针应指向“∞”	

四、通电试灯

通电试灯操作方法及注意事项如表3-6所示。

表3-6　通电试灯操作方法及注意事项

测试项目	实训图片	操作方法	注意事项
接通电源		将单相电源接入接线端子排对应下接线座	① 由指导教师监护学生接通单相电源 ② 学生通电试验时，指导教师必须在现场进行监护
验电		用380V验电器在熔断器进线端进行验电，以区分相线和零线	① 验电前，确认学生是否已穿绝缘鞋 ② 验电时，学生操作是否规范 ③ 如相线未进开关，应对调电源进线

（续）

测试项目	实训图片	操作方法	注意事项
安装熔体		将合适的熔体放入熔断器瓷套内，然后旋上瓷帽	① 先旋上瓷套 ② 熔体的熔断指示—小红点应在上面
按下开关试灯		装上白炽灯，按下开关 S_1，灯亮，再按一下，灯灭；按下开关 S_2，灯亮，再按一下，灯灭	按下开关后如出现故障，应在教师的指导下进行检查，找出故障原因后，排除故障，方能通电

【任务评价】

根据表 3-7 的内容，结合学生任务完成情况，给每位学生一个评价意见。

表 3-7 综合评价表

任务名称： 班级： 姓名：

任务评价				
序号	工作内容	个人评价	小组评价	教师评价
1	元器件选择，填写领料单			
2	元器件安装与布线			
3	电路安装及功能检查			
4	通电调试			
	平均得分			
问题记录和解决方法	记录任务实施过程中出现的问题和采取的解决办法（可附页）			

能力评价			
内容		评价	
学习目标	评价项目	小组评价	教师评价
应知应会	了解元器件选择依据	□Yes □No	□Yes □No
	熟练安装相关元器件	□Yes □No	□Yes □No
规范与安全	家居照明线路安装规范	□Yes □No	□Yes □No
	安装与通电调试必须操作安全	□Yes □No	□Yes □No
通用能力	团队合作能力	□Yes □No	□Yes □No
	沟通协调能力	□Yes □No	□Yes □No
	解决问题能力	□Yes □No	□Yes □No
	自我管理能力	□Yes □No	□Yes □No
	创新能力	□Yes □No	□Yes □No

（续）

能力评价			
内　容		评　价	
学习目标	评价项目	小组评价	教师评价
态度	爱岗敬业	□Yes　□No	□Yes　□No
	善于思考	□Yes　□No	□Yes　□No
	卫生态度	□Yes　□No	□Yes　□No
个人努力方向			
教师、同学建议			

【思考与练习】

1. 在家居照明控制电路中使用的单控开关和双控开关有什么区别？
2. 三联双控开关的概念？
3. 家居照明墙壁普通开关安装高度一般应为多少米？
4. 普通单相插座的额定电流是多少安培？
5. 在两地控制同一照明灯的电路中，若有一个开关的动、静触点互换，则电路会出现怎样的故障现象？
6. 图 3-6b 中，若将中性线与相线互换，这样的两地控制电路符合规范吗？此时两开关之间的连接线需要几根？
7. 如何用开关实现三地控制一盏灯？需要什么形式的开关？
8. 请用 4 个双控开关组成一个三地控制一盏灯的电路，并画出电路图。

任务三

【任务描述】

某公司业务部接到一家居套房的照明线路安装任务。经业务部向客户了解，该套房为两室一厅结构，主卧要求安装一盏两地控制的白炽灯（霓虹色）。书房要求安装一盏荧光灯。客厅要求安装一盏吸顶灯，餐厅要求安装一盏荧光灯和白炽灯，洗手间要求安装一盏吸顶灯。插座数量根据日常使用习惯安装。客户要求三天完成工作任务，并交工、验收，住房户型图如图 3-8 所示。

【能力目标】

1）能读懂住房户型图。

2）熟悉建筑电气施工图各符号的意义。

3）能读懂家居照明线路的系统图。

4）能够掌握家居照明工程图的识读与绘制。

【知识链接】

一、电气施工图的特点及组成

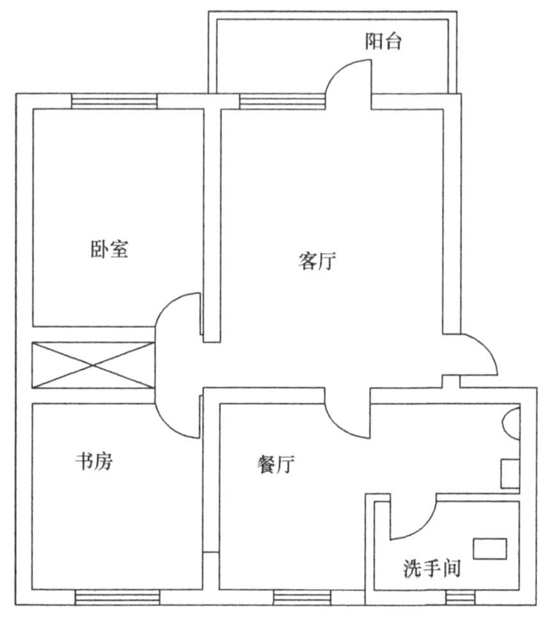

图 3-8 住房户型图

电气施工图所涉及的内容往往根据建筑物不同的功能而有所不同，主要有建筑供配电、动力与照明、防雷与接地、建筑弱电等方面，用以表达不同的电气设计内容。

(1) 图纸目录与设计说明

图纸目录与设计说明包括图样内容、数量、工程概况、设计依据以及图中未能表达清楚的各有关事项。如供电电源的来源、供电方式、电压等级、线路敷设方式、防雷接地、设备安装高度及安装方式、工程主要技术数据、施工注意事项等。

(2) 主要材料设备表

主要材料设备表包括工程中所使用的各种设备和材料的名称、型号、规格、数量等，它是编制购置设备、材料计划的重要依据之一。

(3) 系统图

系统图反映了系统的基本组成、主要电气设备、元器件之间的连接情况以及它们的规格、型号、参数等。如变配电工程的供配电系统图、照明工程的照明系统图、电缆电视系统图等。

(4) 平面布置图

平面布置图是电气施工图中的重要图样之一，如变、配电所电气设备安装平面图、照明平面图、防雷接地平面图等，用来表示电气设备的编号、名称、型号及安装位置、线路的起始点、敷设部位、敷设方式及所用导线型号、规格、根数、管径大小等。通过阅读系统图，了解系统基本组成之后，就可以依据平面布置图编制工程预算和施工方案，然后组织施工。

(5) 控制原理图

控制原理图包括系统中各所用电气设备的电气控制原理，用以指导电气设备的安装和控制系统的调试运行工作。

(6) 安装接线图

安装接线图包括电气设备的布置与接线，应与控制原理图对照阅读，进行系统的配线和调校。

(7) 安装大样图

安装大样图是详细表示电气设备安装方法的图样，对安装部件的各部位注有具体图形和详细尺寸，是进行安装施工和编制工程材料计划时的重要参考。

二、电气施工图的阅读方法

(1) 熟悉电气图例符号，弄清图例、符号所代表的内容。常用的电气工程图例及文字符号可参见国家颁布的《电气图形符号标准》。

(2) 针对一套电气施工图，一般应先按以下顺序阅读，然后再对某部分内容进行重点识读。

1) 看标题栏及图样目录了解工程名称、项目内容、设计日期及图样内容、数量等。

2) 看设计说明了解工程概况、设计依据等，了解图样中未能表达清楚的各有关事项。

3) 看设备材料表了解工程中所使用的设备、材料的型号、规格和数量。

4) 看系统图了解系统基本组成，主要电气设备、元器件之间的连接关系以及它们的规格、型号、参数等，掌握该系统的组成概况。

5) 看平面布置图（如照明平面图、防雷接地平面图等），了解电气设备的规格、型号、数量及线路的起始点、敷设部位、敷设方式和导线根数等。平面图的阅读可按照以下顺序进行：电源进线总配电箱干线支线分配电箱电气设备。

6) 看控制原理图，了解系统中电气设备的电气自动控制原理，以指导设备安装调试工作。

7) 看安装接线图，了解电气设备的布置与接线。

8) 看安装大样图，了解电气设备的具体安装方法、安装部件的具体尺寸等。

(3) 抓住电气施工图要点进行识读

1) 明确各配电回路的相序、路径、管线敷设部位、敷设方式以及导线的型号和根数。

2) 明确电气设备、元器件的平面安装位置。

(4) 结合土建施工图进行阅读

电气施工与土建施工结合得非常紧密，施工中常常涉及各工种之间的配合问题。电气施工平面图只反映了电气设备的平面布置情况，结合土建施工图的阅读还可以了解电气设备的立体铺设情况。

(5) 熟悉施工顺序，便于阅读电气施工图。如识读配电系统图、照明与插座平面图时，就应首先了解室内配线的施工顺序。

1) 根据电气施工图确定设备安装位置、导线敷设方式、敷设路径及导线穿墙或楼板的位置。

2) 结合土建施工，进行各种预埋件、线管、接线盒、保护管的预埋。

3) 装设绝缘支持物、线夹等，敷设导线。

4) 安装灯具、开关、插座及电气设备。

5) 进行导线绝缘测试、检查及通电试验。

6) 工程验收。

(6) 识读时，施工图中各图样应协调配合阅读

对于具体工程来说，为说明配电关系时需要有配电系统图；为说明电气设备、元器件的具体安装位置时需要有平面布置图；为说明设备工作原理时需要有控制原理图；为表示元器件连接关系时需要有安装接线图；为说明设备、材料的特征、参数时需要有设备材料表等。这些图样各自的用途不同，但相互之间联系紧密并协调一致。在识读时应根据需要，将各图

样结合起来识读，以达到对整个工程或分项目全面了解的目的。

照明工程图主要由施工说明、主要设备材料表、照明系统图和照明平面图组成。

教师指导学生解读任务单和该套房的施工图样，明确任务要求，另给出施工图样中的元器件图形符号，见表3-8。

表3-8　施工图样中的元器件图形符号

名　称	图形符号	说　明	名　称	图形符号	说　明
断路器			插座		
照明配电箱			开关		开关一般符号
单相插座		依次表示明装、暗装、密闭、防爆	单相三孔插座		依次表示明装、暗装、密闭、防爆
单极开关		依次表示明装、暗装、密闭、防爆	三相四孔插座		依次表示明装、暗装、密闭、防爆
双极开关		依次表示明装、暗装、密闭、防爆	三极开关		依次表示明装、暗装、密闭、防爆
多个插座		3个	带开关插座		装一单极开关
单极拉线开关			灯		
单极双控拉线开关			荧光灯		单管或三管灯
双控开关		单相三线	吸顶灯		
带指示灯开关			壁灯		
多拉开关		如用于不同照度	花灯		

【任务实施】

一、二室一厅照明施工图的识读

以小组为单位，通过网络查找二室一厅照明线路施工图 2 张，结合知识链接中的常用图形符号，在教师指导以及小组共同讨论下，读懂施工图。

二、二室一厅平面图的绘制

在读懂施工图的基础上，小组协作完成二室一厅平面图的绘制，根据图 3-8 所示户型结构图以及客户要求，在平面图中画出灯具与插座。平面图绘制在标准图纸中，并正确填写标题栏，参考照明平面图如图 3-9 所示。

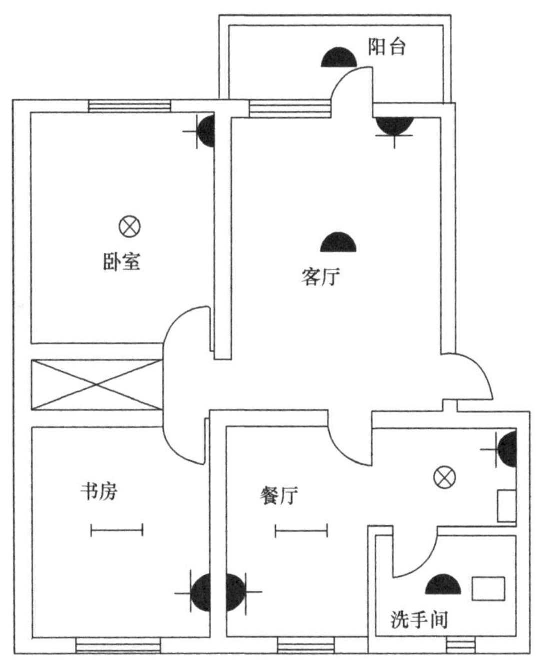

图 3-9　照明平面图

三、二室一厅照明系统图绘制

根据照明平面图中灯具和插座安排，结合使用实际情况，如图 3-10 所示，将照明线路分成三个分路，一分路为客厅、卧室及书房照明，二分路为餐厅和洗手间照明，三分路为插座。将二室一厅照明系统图绘制在标准图纸中，并正确填写标题栏。

四、二室一厅照明施工图绘制

施工图是照明工程施工必备的技术图样，也是照明工程施工的依据，因此，电气技术人员必须出具规范的施工图，而电气施工人员必须读懂施工图，并严格按照施工图完成项目施工任务。施工图的绘制，是本任务的重要环节，需要学习小组共同协作完成。将二室一厅照明施工图绘制在标准图纸中，并正确填写标题栏，二室一厅照明施工图如图 3-11 所示。

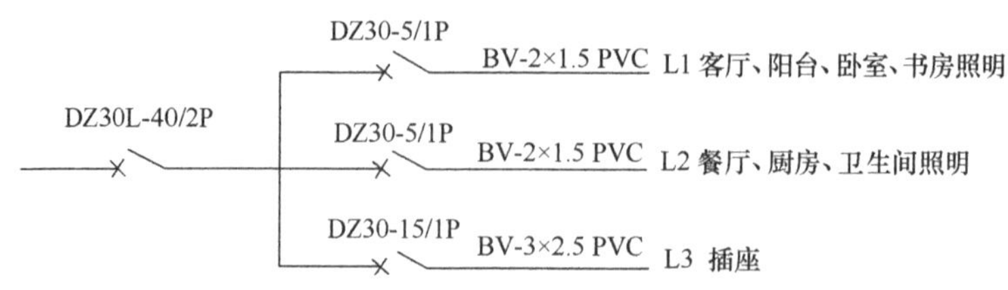

图 3-10　二室一厅照明系统图

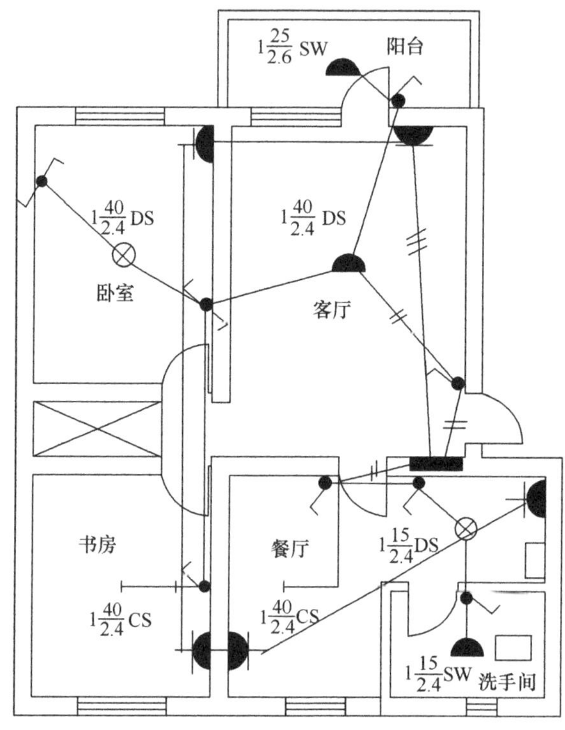

图 3-11　二室一厅照明施工图

【任务评价】

根据表 3-9 的内容，结合学生任务完成情况，给每位学生一个评价意见。

表 3-9　综合评价表

任务名称：　　　　　　　　　　　　班级：　　　　姓名：

任务评价				
序号	工作内容	个人评价	小组评价	教师评价
1	二室一厅照明施工图的识读			
2	二室一厅平面图的绘制			
3	二室一厅照明系统图绘制			
4	二室一厅照明施工图绘制			
	平均得分			
问题记录和解决方法	记录任务实施过程中出现的问题和采取的解决办法（可附页）			

（续）

能力评价			
内　容		评　价	
学习目标	评价项目	小组评价	教师评价
应知应会	会绘制家居照明线路相关技术图纸	□Yes　□No	□Yes　□No
	了解技术图纸的绘制原则	□Yes　□No	□Yes　□No
规范与安全	规范绘制家居照明技术图纸	□Yes　□No	□Yes　□No
通用能力	团队合作能力	□Yes　□No	□Yes　□No
	沟通协调能力	□Yes　□No	□Yes　□No
	解决问题能力	□Yes　□No	□Yes　□No
	自我管理能力	□Yes　□No	□Yes　□No
	创新能力	□Yes　□No	□Yes　□No
态度	爱岗敬业	□Yes　□No	□Yes　□No
	善于思考	□Yes　□No	□Yes　□No
	卫生态度	□Yes　□No	□Yes　□No
个人努力方向			
教师、同学建议			

【思考与练习】

1. 家居套房一般由哪几个室组成？用电量较大的室一般为哪几个？
2. 二室一厅照明工程图样一般包含哪些？
3. 家居照明线路为什么要分路？不分路会有什么后果？
4. 二室一厅照明施工图中客厅灯的标注为 $1\dfrac{40}{2.4}$DS，请问这些标记表示什么含义？
5. 二室一厅照明施工图 3-11 中是否有两地控制的电路？在哪个位置？
6. 从图 3-11 中获知的信息，从客厅灯至阳台灯开关之间应敷设几根导线？
7. 从图 3-11 中获知的信息，从卧室门口开关至卧室灯之间应该敷设几根导线？而从卧室灯至另一个开关之间应敷设几根导线？

任务四　二室一厅照明线路安装

【任务描述】

家居照明线路的安装，是电气作业人员的基本技能，必须熟练掌握，并具备独立完成施工任务的能力。本任务是在完成绘图工作的基础上，根据二室一厅照明施工图完成照明线路安装任务，施工时必须遵循国家标准，分工明确，高质量完成施工任务。

【能力目标】

1）能完整理解二室一厅照明施工图各符号标注的含义。

2）能根据施工图及其他技术图样，完整填写施工领料单。

3）能根据图样要求，合理安排电路走向。

4）能熟练规范使用相关电工常用工具。

5）电路安装严谨，符合国家标准，施工质量高。

6）能快速排除安装过程中出现的电路故障。

7）安全施工，文明生产。

【知识链接】

一、照明线路安装的技术要求

1）灯具安装的高度，室外一般不低于3m，室内一般不低于2.5m。

2）照明线路应有短路保护。照明灯具的相线必须经开关控制，螺口灯头中心处应接相线，螺口部分与零线连接。不准将电线直接焊在白炽灯的接点上使用。绝缘损坏的螺口灯头不得使用。

3）室内照明开关一般安装在门边便于操作的位置，拉线开关一般应离地面2～3m，暗装翘板开关一般离地1.3m，与门框的距离一般为0.15～0.2m。

4）明装插座的安装高度一般应离地1.3～1.5m。暗装插座一般应离地0.3m，同一场所暗装插座高度应保持一致。

5）照明装置的接线必须牢固，接触良好，接线时，相线和零线要严格区别，将零线接灯头上，相线须经过开关再接到灯头。

6）应采用保护接地的灯具金属外壳，要与保护接地干线连接完好。

7）灯具安装应牢固，灯具质量超过3kg时，必须固定在预埋的吊钩或螺栓上。软线吊灯的重量限于1kg以下，超重应加装吊链。

8）照明灯具须用安全电压时，应采用双圈变压器或安全隔离变压器，严禁使用自耦（单圈）变压器。安全电压额定值的等级为42V、36V、24V、12V、6V。

9）灯架及管内不允许有接头。

10）导线在引入灯具处应有绝缘保护，以免磨损导线的绝缘，也不应使其承受额外的拉力；导线的分支及连接处应便于检查。

二、照明线路的安装规范

1. 布局

根据设计的照明线路图，确定各元器件安装的位置，要求符合要求、布局合理、结构紧凑、控制方便、美观大方。

2. 布管

目前，家居照明线路一般采用暗敷设，因此新建房屋应跟随土建工程进行管线敷设，若是装修工程，则应先开槽敷设电线管。电线管应水平或垂直敷设，并根据图样要求安装好接线盒。

3. 布线

明线敷设时，先处理好导线，将导线拉直，消除弯、折处，布线要横平竖直、转弯成直

角，并做到高低一致或前后一致，少交叉，多根导线并拢平行排列。暗敷设时，应充分考虑各段线管需要敷设的导线数量，一次穿管。导线出各接线盒时应留有一定的余量，确保连接好的开关能自由翻转，方便维修。

4. 接线

按照工程施工要求，接线是在完成布线后开始施工。接线要正确、牢固，各接点不能松动，每个接线端子上连接的导线根数不宜太多，绝缘性能好、不露铜、外形美观。

5. 检查线路

首先用肉眼观看电路，看有没有接出多余线头。参照设计的照明线路安装图检查每条线是否严格按要求连接，每条线有没有接错位，注意电度表有无接反，漏电保护器、熔断器、开关、插座等元器件的接线是否正确。观察无误的情况下，用万用表检测电路是否有短路现象（所有灯具应处于断开状态或卸下灯具）。

6. 通电

由电源端开始往负载依次顺序送电，先合上漏电保护器开关，然后闭合控制白炽灯的开关，白炽灯正常发亮；闭合控制荧光灯开关，荧光灯正常发亮；插座可以用校验灯或万用表测量其是否正常工作，电度表根据负载大小决定表盘转动快慢，负荷大时，表盘就转动快，用电就多。

7. 故障排除

操作各功能开关时，若不符合要求，应立即停电，判断照明线路的故障，可以用万用表欧姆档检查电路，要注意人身安全和万用表档位。

【任务实施】

一、分配工作任务

根据工作情境的描述，教师将全体学生以 5 名学生为一单位组成施工小组。教师以公司工程部人员的身份向各施工小组派“家居照明线路安装”工作联系单，如表 3-10 所示。

表 3-10　安装工作联系单

流水号：

类别：水□　电□　暖□　土建□　其他□　　　　日期：2014 年＊月＊日

安装地点			
安装项目	二室一厅照明线路安装		
客户具体要求（工作内容）	按照施工图样安装，敷设方式：暗敷，工期：3 天。必要时与客户沟通，提出修改意见		
申报时间		完工时间	
申报单位		安装单位	
验收意见		安装单位电话	
验收人		承办负责人	
验收人电话		承办负责人电话	
审核		参加人员	

二、领取材料

根据施工图填写领料单如表3-11所示，并领取相关材料。

表3-11 领料单

班级： 姓名： 组别：

序 号	货物名称	规格型号	数 量	用 途
1				
2				
3				
4				
5				
6				
7				
8				
9				
10				
11				
12				
13				
14				
15				

审核： 发货： 日期：

三、制订施工方案

施工小组成员讨论制定施工方案，并填入表3-12中。

表3-12 二室一厅照明线路安装（工作计划）

<table>
<tr><td>操作项目名称</td><td colspan="3"></td></tr>
<tr><td>实习地点</td><td></td><td>预计起至时间</td><td></td></tr>
<tr><td>项目负责人</td><td colspan="3"></td></tr>
<tr><td>参与人员</td><td colspan="3"></td></tr>
<tr><td colspan="4">安装工艺（所采用的敷设方式，灯具的安装方式）：</td></tr>
<tr><td colspan="4">对设备的目测检验情况简述（电气设备、工具的检验）：</td></tr>
<tr><td colspan="4">制订具体的电路及灯具装配的工艺：</td></tr>
</table>

四、现场施工

进入现场施工必须注意安全，并在同伴协助下共同实施，安装调试请按照以下流程进行：

1）观察现场，根据客户安装要求确定灯具及开关插座位置，并做标记。

2）结合房屋结构，确定电路走向，画出走向标记。

3）根据电路走向及管线数量进行墙体开槽，深度不小于电线管直径加 5～10mm 的粉刷保护层。（若明管敷设则不需要墙体开槽）。

4）电线管敷设及终端线盒的安装，电线管不能直角弯，否则会影响管内布线。

5）管内集中布线，较长管路需要用钢丝引线。布线应周全考虑，不能漏线，不能多线。

6）安装灯具、开关及插座，导线连接应规范，控制功能完整。

7）电路检查与测量，确保安装正确。

8）通电分路调试，直至照明线路正常工作。

验收时请按照表 3-13 检验单检查并填入表中。

表 3-13　检验单

学习情境			学时		
序号	检查项目	检查标准	分值	学生检查	教师检查
1	资讯问题	回答的认真、准确	5		
2	布局和结构	布局合理、结构紧凑、控制方便、美观大方	5		
3	元器件的排列和固定	排列整齐、元器件固定的可靠、牢固	5		
4	布线	横平竖直，转弯成直角，少交叉；多根导线并拢平行排列	10		
5	接线	接线正确、牢固，敷线平直整齐，无漏铜、反圈、压胶，绝缘性能好，外形美观	15		
6	整个电路	没有接出多余线头，每条线严格按要求连接，每条线都没有接错位	10		
7	元器件安装	元器件的安装正确	10		
8	照明线路是否可以正常工作	开关、插座、白炽灯、荧光灯、电度表都正常工作	10		
9	会用仪表检查电路	会用万用表检查照明线路和元器件的安装是否正确	10		
10	故障排除	能够排除照明线路的常见故障	10		
11	工具的使用和原材料的用量	工具使用合理、准确，摆放整齐，用后归放原位；节约使用原材料，不浪费	5		
12	安全用电	注意安全用电，不带电作业	5		
	合计				

（续）

<table>
<tr><td>学习情境</td><td colspan="3"></td><td>学时</td><td colspan="3"></td></tr>
<tr><td>序号</td><td colspan="2">检查项目</td><td colspan="2">检查标准</td><td>分值</td><td>学生检查</td><td>教师检查</td></tr>
<tr><td rowspan="4">检查评价</td><td>班级</td><td></td><td>组别</td><td></td><td colspan="2">组长签字</td><td></td></tr>
<tr><td>教师签字</td><td colspan="3"></td><td colspan="2">日期</td><td></td></tr>
<tr><td colspan="7">不符合标准的内容：</td></tr>
<tr><td colspan="7">评语：</td></tr>
</table>

【任务评价】

根据表 3-14 的内容，结合学生任务完成情况，给每位学生一个评价意见。

表 3-14　综合评价表

任务名称：　　　　　　　　　　　　　班级：　　　　姓名：

<table>
<tr><td colspan="5">任务评价</td></tr>
<tr><td>序号</td><td>工作内容</td><td>个人评价</td><td>小组评价</td><td>教师评价</td></tr>
<tr><td>1</td><td>填写材料单并领取材料</td><td></td><td></td><td></td></tr>
<tr><td>2</td><td>制定工作方案</td><td></td><td></td><td></td></tr>
<tr><td>3</td><td>现场安装电路</td><td></td><td></td><td></td></tr>
<tr><td>4</td><td>家居照明线路的调试</td><td></td><td></td><td></td></tr>
<tr><td></td><td>平均得分</td><td></td><td></td><td></td></tr>
<tr><td>问题记录和解决方法</td><td colspan="4">记录任务实施过程中出现的问题和采取的解决办法（可附页）</td></tr>
</table>

<table>
<tr><td colspan="4">能力评价</td></tr>
<tr><td colspan="2">内　　容</td><td colspan="2">评　　价</td></tr>
<tr><td>学习目标</td><td>评价项目</td><td>小组评价</td><td>教师评价</td></tr>
<tr><td rowspan="2">应知应会</td><td>认识家居照明的安装规范</td><td>□Yes　□No</td><td>□Yes　□No</td></tr>
<tr><td>正确安装家居照明线路</td><td>□Yes　□No</td><td>□Yes　□No</td></tr>
<tr><td rowspan="2">规范与安全</td><td>安装工艺规范</td><td>□Yes　□No</td><td>□Yes　□No</td></tr>
<tr><td>操作安全有序</td><td>□Yes　□No</td><td>□Yes　□No</td></tr>
<tr><td rowspan="5">通用能力</td><td>团队合作能力</td><td>□Yes　□No</td><td>□Yes　□No</td></tr>
<tr><td>沟通协调能力</td><td>□Yes　□No</td><td>□Yes　□No</td></tr>
<tr><td>解决问题能力</td><td>□Yes　□No</td><td>□Yes　□No</td></tr>
<tr><td>自我管理能力</td><td>□Yes　□No</td><td>□Yes　□No</td></tr>
<tr><td>创新能力</td><td>□Yes　□No</td><td>□Yes　□No</td></tr>
</table>

（续）

能力评价			
内　容		评　价	
学习目标	评价项目	小组评价	教师评价
态度	爱岗敬业	□Yes　□No	□Yes　□No
	善于思考	□Yes　□No	□Yes　□No
	卫生态度	□Yes　□No	□Yes　□No
个人努力方向			
教师、同学建议			

【思考与练习】

1. 完成照明线路实际安装需要哪些步骤？
2. 电线管敷设时，转角是否可以做成直角？为什么？
3. 管内敷设导线时，是否可以多次敷设？为什么？
4. 布线时，各终端线盒内的预留线需要多长？
5. 用万用表测量时，发现相线与中性线直流电阻很小，几乎短路，请问此时该如何操作？
6. 导线与开关、插座及灯具连接时，线头不能露铜太多？为什么？
7. 特殊场合需要低压照明时，为什么不能使用自耦变压器？
8. 现场施工作业应注意安全文明生产，具体内容有哪些？

任务五

【任务描述】

当家居照明线路发生各种故障时，电气施工人员需要具备必要的专业知识及技能，在最短的时间内排除故障，减少对居民生活的影响。同时要求做到检修彻底，延长使用时间，减少故障率。

本任务在已经完成的工程任务中开展模拟训练活动，并根据要求填写保修单及故障分析表，以此锻炼学生的逻辑思维能力，提高维修效率。

【能力目标】

1）了解开关、插座、荧光灯的常见故障。

2）会排除开关、插座、荧光灯的常见故障。

3）了解白炽灯和熔断器的常见故障并掌握维修方法。

4）进一步熟练掌握剩余电流断路器的常见故障及排除方法。

5）了解单相电度表的故障及排除方法。

【知识链接】

一、开关的常见故障及排除

开关的常见故障及排除方法见表3-15。

表3-15　开关常见故障及排除方法

故障现象	产生原因	排除方法
开关操作后电路不通	接线螺钉松脱，导线与开关导体不能接触	打开开关，紧固接线螺钉
	内部有杂物，使开关触片不能接触	打开开关，清除杂物
	机械卡死，拨不动	给机械部位加润滑油，机械部分损坏严重时，应更换开关
接触不良	压线螺钉松脱	打开开关盖，压紧接线螺钉
	开关触头上有污物	断电后，清除污物
	拉线开关触头磨损、打滑或烧毛	断电后修理或更换开关
开关烧坏	负载短路	处理短路点，并恢复供电
	长期过载	减轻负载或更换容量更大一级的开关
漏电	开关防护盖损坏或开关内部接线头外露	重新配全开关盖，并接好开关的电源连接线
	受潮或受雨淋	断电后进行烘干处理，并加装防雨措施

二、插座的常见故障及排除

插座常见故障及排除方法见表3-16。

表3-16　插座常见故障及排除方法

故障现象	产生原因	排除方法
插头插上后不通电或接触不良	插头压线螺钉松动，连接导线与插头片接触不良	打开插头，重新压接导线与插头的连接螺钉
	插头根部电源线在绝缘皮内部折断，造成时通时断	剪断插头端部一段导线，重新连接
	插座口过松或插座触片位置偏移，使插头接触不上	断电后，将插座触片收拢一些，使其与插头接触良好
	插座引线与插座压线导线螺钉松开，引起接触不良	重新连接插座电源线，并旋紧螺钉
插座烧坏	插座长期过载	减轻负载或更换容量更大的插座
	插座连接线处接触不良	紧固螺钉，使导线与触片连接好并清除生锈物
	插座局部漏电引起短路	更换插座

（续）

故障现象	产生原因	排除方法
插座短路	导线接头有毛刺，在插座内松脱引起短路	重新连接导线与插座，在接线时要注意将接线处毛刺清除
	插座的两插口相距过近，插头插入后碰连引起短路	断电后，打开插座修理
	插头内部接线螺钉脱落引起短路	重新把紧固螺钉旋进螺母位置，固定紧
	插头负载端短路，插头插入后引起弧光短路	消除负载短路故障后，断电更换同型号的插座

三、荧光灯的常见故障及排除

荧光灯常见故障及排除方法见表 3-17。

表 3-17　荧光灯常见故障及排除方法

故障现象	产生原因	排除方法
荧光灯不能发光	停电或熔丝烧断导致无电源	找出断电原因，检修好故障后恢复送电
	灯管漏气或灯丝断	用万用表检查或观察荧光粉是否变色，如确认灯管已坏，更换新灯管
	电源电压过低	不必修理
	新装荧光灯接线错误	检查线路，重新接线
	电子镇流器整流桥开路	更换整流桥
荧光灯灯光抖动或两端发红	接线错误或灯座灯脚松动	检查线路或修理灯座
	电子镇流器谐振电容器容量不足或开路	更换谐振电容器
	灯管老化，灯丝上的电子发射将尽，放电作用降低	更换灯管
	电源电压过低或线路电压降过大	升高电压或加粗导线
	气温过低	用热毛巾给灯管加热
灯光闪烁或管内有螺旋滚动光带	电子镇流器的大功率晶体管开焊接触不良或整流桥接触不良	重新焊接
	新灯管暂时现象	使用一段时间，会自行消失
	灯管质量差	更换灯管
灯管两端发黑	灯管老化	更换灯管
	电源电压过高	调整电源电压至额定电压
	灯管内水银凝结	灯管工作后即能蒸发或将灯管旋转 180°
灯管光度降低或色彩转差	灯管老化	更换灯管
	灯管上积垢太多	清除灯管积垢
	气温过低或灯管处于冷风直吹位置	采取避风措施
	电源电压过低或线路电压降得过大	调整电压或加粗导线

（续）

故障现象	产生原因	排除方法
灯管寿命短或发光后立即熄灭烧毁	开关次数过多	减少不必要的开关次数
	新装灯管接线错误将灯管烧坏	检修线路，改正接线
	电源电压过高	调整电源电压
	受剧烈振动，振断灯丝	调整安装位置或更换灯管
断电后灯管仍发微光	荧光粉余辉特性	过一会将自行消失
	开关接到了零线上	将开关改接至相线上
灯管不亮，灯丝发红	高频振荡线路不正常	检查高频振荡线路，重点检查谐振电容器

四、白炽灯常见故障及排除方法

白炽灯常见故障及排除方法见表3-18。

表3-18　白炽灯常见故障及排除方法

故障现象	产生原因	排除方法
白炽灯不亮	白炽灯钨丝烧断	更换白炽灯
	灯座或开关触点接触不良	把接触不良的触点修复，无法修复时，应更换完好的触点
	停电或线路开路	修复线路
	电源熔断器熔丝烧断	检查熔丝烧断的原因并更换新熔丝
白炽灯强烈发光后瞬时烧毁	灯丝局部短路（俗称搭丝）	更换白炽灯
	白炽灯额定电压低于电源电压	换用额定电压与电源电压一致的白炽灯
灯光忽亮忽暗，或忽亮忽熄	灯座或开关触点（或接线）松动，或因表面存在氧化层（铝质导线、触点易出现）	修复松动的触点或接线，去除触点氧化层后重新接线
	电源电压波动（通常附近有大容量负载经常起动引起）	更换配电所变压器，增加容量
	熔断器熔丝接头接触不良	重新安装，或加固紧固螺钉
	导线连接松散	重新连接导线
开关合上后熔断器熔丝烧断	灯座或挂线盒连接处两线头短路	重新接线头
	螺口灯座内中心铜片与螺旋铜圈相碰、短路	检查灯座并扳准中心铜片
	熔丝太细	正确选配熔丝规格
	线路短路	修复线路
	用电器发生短路	检查用电器并修复

（续）

故障现象	产生原因	排除方法
灯光暗淡	白炽灯内钨丝挥发后积聚在玻璃壳内表面，透光度降低，同时由于钨丝挥发后变细，电阻增大，电流减小，光通量减小	正常现象，也可更换白炽灯
	灯座、开关或导线对地严重漏电	更换完好的灯座、开关或导线
	灯座、开关接触不良，或导线连接处接触电阻增加	修复、接触不良的触点，重新连接接头
	线路导线太长太细，线路压降太大	缩短导线长度，或更换较大截面的导线
	电源电压过低	调整电源电压

五、剩余电流断路器的常见故障分析

剩余电流断路器的常见故障有拒动作和误动作。拒动作是指线路或设备已发生预期的触电或漏电时漏电保护装置拒绝动作；误动作是指线路或设备未发生触电或漏电时漏电保护装置的动作。剩余电流断路器常见故障及产生原因见表3-19。

表3-19　剩余电流断路器常见故障及产生原因

故障现象	产生原因
拒动作	漏电动作电流选择不当。选用的保护器动作电流过大或整定过大，而实际产生的漏电值没有达到规定值，使保护器拒动作
	接线错误。在剩余电流断路器后，如果把保护线（即PE线）与中性线（N线）接在一起，产生漏电时，剩余电流断路器将拒动作
	产品质量低劣，零序电流互感器二次电路断路、脱扣元件故障
	线路绝缘阻抗降低，部分电击电流没有沿配电网工作接地（或剩余电流断路器前方的绝缘阻抗）走，而是沿剩余电流断路器后方的绝缘阻抗流经保护器返回了电源侧
误动作	接线错误，误把保护线（PE线）与中性线（N线）接反
	在照明和动力合用的三相四线制电路中，错误地选用三极剩余电流断路器，负载的中性线直接接在剩余电流断路器的电源侧
	剩余电流断路器后方有中性线与其他回路的中性线连接或接地，或后方有相线与其他回路的同相相线连接，接通负载时会造成剩余电流断路器误动作
	剩余电流断路器附近有大功率电器，当其开合时产生电磁干扰，或附近装有磁性元件或较大的导磁体，在互感器铁心中产生附加磁通量而导致误动作
	当同一回路的各相不同步合闸时，先合闸的一相可能产生足够大的漏电流
	剩余电流断路器质量低劣，元件质量不高或装配质量不好，降低了剩余电流断路器的可靠性和稳定性，导致误动作
	环境温度、相对湿度、机械振动等超过剩余电流断路器设计条件

【任务实施】

本任务以工作小组为单位开展检修工作，针对每个故障现象，都必须仔细分析，判定可能的故障点。在意见一致的情况下开始检修实操，检修时应注意操作方法与操作安全，允许小组完不成检修任务，但不允许出现故障扩大甚至烧坏元器件的现象出现。电气作业一定要谨慎，不能蛮干。

各小组参照知识链接，在完成的工程任务中设置相应的故障，由故障设置者填写故障报修单，然后交给实习指导教师。

由实习指导教师或任务负责人安排检修工作，检修人员应及时组织组内人员一起观察讨论，确定检修方案，及时排除故障，详细填写处理单上的相关内容。提交完处理单，则表示检修结束。故障报修及处理单如表3-20所示。

表3-20　故障报修及处理单

报修日期		报修人	
工程名称		维修地点	
故障描述			
任务派发		维修日期	
故障1：	分析检查：		故障处理：
故障2：	分析检查：		故障处理：
操作使用建议			
部门审核： 部门负责人： 日期			

注：“故障描述”由报修人员填写；“任务派发”由指导教师或项目负责人填写；故障1、2、分析检查、故障处理及操作使用建议，由检修人员填写。

【任务评价】

根据表3-21的内容，结合学生任务完成情况，给每位学生一个评价意见。

表 3-21　综合评价表

任务名称：　　　　　　　　　　　　　　　班级：　　　　　　姓名：

任务评价				
序号	工作内容	个人评价	小组评价	教师评价
1	接受维修任务单，观察故障现象			
2	分析故障原因，寻找故障点			
3	测量线路，排除故障			
	平均得分			
问题记录和解决方法	记录任务实施过程中出现的问题和采取的解决办法（可附页）			

能力评价			
内　容		评　价	
学习目标	评价项目	小组评价	教师评价
应知应会	家居照明线路故障诊断方法	□Yes　□No	□Yes　□No
	会实地测量线路，正确排除故障	□Yes　□No	□Yes　□No
规范与安全	检修工作注意安全	□Yes　□No	□Yes　□No
	检查测量规范，测量结果正确	□Yes　□No	□Yes　□No
通用能力	团队合作能力	□Yes　□No	□Yes　□No
	沟通协调能力	□Yes　□No	□Yes　□No
	解决问题能力	□Yes　□No	□Yes　□No
	自我管理能力	□Yes　□No	□Yes　□No
	创新能力	□Yes　□No	□Yes　□No
态度	爱岗敬业	□Yes　□No	□Yes　□No
	善于思考	□Yes　□No	□Yes　□No
	卫生态度	□Yes　□No	□Yes　□No
个人努力方向			
教师、同学建议			

【思考与练习】

1. 有一个三居室家庭发生了这样一个线路故障：配电箱总闸突然跳闸，分开关没有跳闸。当户主再次合上总闸时又立即跳闸，初步判断有短路故障。若安排你去维修，你将采取哪种方法查出故障点？

2. 某家居照明线路出现这样一个故障：所有的用电设备都不能工作，用验电器测量电路相线有电，测量中性线同样有电，再去配电箱测量，相线有电，中性线没电。请问这是哪种电路故障？为什么？

3. 某家庭主妇反映一个情况：电饭锅插到其他插座上都很正常，插到灶台旁的插座时就有发热现象，而且插座面板已经有轻微烧焦的痕迹。请根据她反映的情况，分析故障原因，提出检修意见。

4. 小张觉得自己家楼梯上的两个双控开关不好看，自己动手换了两个新的。换好后发现控制不太正常，检查接头完好无松动。请分析产生这种故障的原因。

5. 某三居室套房中安装有 3 盏荧光灯，使用已经很长时间。近日发现其中 2 盏有问题，一盏开启后声音很大，另一盏通电后发现两端发红，但不亮。请分析故障原因并给出解决方法。

项目四 小区公共照明控制箱安装与检修

电气照明使用的范围很广，除我们已经学习的办公室照明、家居照明外，还有工业照明、商业照明和公共照明等。前面学习的几种照明线路中，被控制的灯具容量都不大，采用普通的照明控制设备（墙壁开关）就可实现。但在工业照明、商业照明、道路照明等场所，所选用的照明灯具的功率都比较大，而且大部分场所需要多灯集中控制、智能控制。如何实现这样一种控制要求，是本项目的重点内容。

任务一 小区公共照明考察

【任务描述】

本任务要求学生以小组形式，通过实地考察及网络资源的收集，了解住宅小区公共照明的基本内容、控制方式及常见的故障，归纳总结相关数据，为后续项目的实施做准备。

【能力目标】

1）了解生活小区公共照明的类型及控制要求。

2）理解生活小区公共照明设施的供电方式。

3）掌握三相交流电的基本知识。

4）增强小组成员协作意识，提高信息收集整理的能力。

【知识链接】

一、小区公共照明的类型和控制要求

住宅小区是指由城市道路或自然界线划分的，具有一定规模并不被城市交通干道所穿越的完整地段，小区内设有整套满足居民日常生活需要的基础设施及服务设施，包括供电供水、道路交通、公共信息、安全设施及公共绿化等，公共照明属小区基础设施，必须按标准配置。

小区公共照明包括楼道照明、道路照明、景观照明等。楼道照明所用灯具的功率都不大，且分层控制，一般采用红外线感应开关实现简单的智能控制；而道路照明和景观照明所使用的灯具功率较大，数量较多，一般家居照明的控制方式不能满足需求，需要改变供电方

式、扩大控制设备的容量。由于小区公共照明灯具数量大，种类多，考虑到节约用电、控制方便等要求，对这些公共照明灯具一般实行分类、分路控制。

二、小区公共照明设施的供电方式

小区公共照明的供电方式一般为三相四线制（或三相五线制），三相四线制是国内三相交流电的基本输送方式。“三相”是指三相交流电，由三根相线输送三个不同相序（U 相、V 相、W 相）的交流电，“四线”是指用四根导线（三根相线和一根中性线）组成交流电的输送网络。三相四线制供电线路可同时输送两种电压，一种为相电压，电压等级为 220V，任意一根相线与中性线之间的电压均为 220V；另一种为线电压，电压等级为 380V，任意两根相线之间的电压为 380V。三相交流电的波形及三相四线制供电方式如图 4-1 所示。

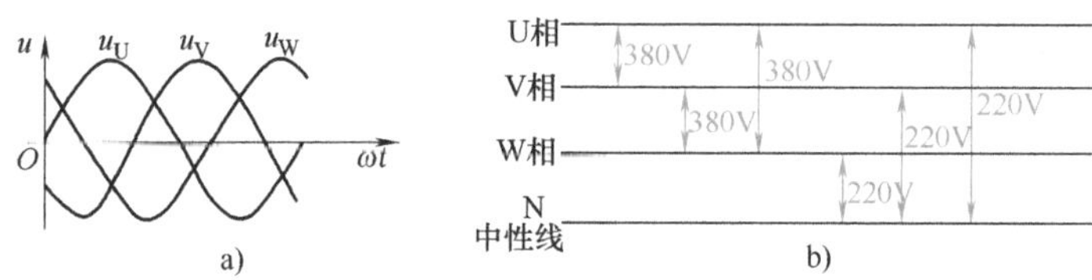

图 4-1　三相交流电示意图

a）三相交流电波形图　b）三相四线制供电示意图

为确保用电安全，必须将正常工作状态下不带电的电器金属外壳与大地可靠连接，这种连接方式称为安全接地，用字母 PE 表示，图形符号为⏚，安全接地线选用黄绿双色线。为规范安全接地导线的连接，三相交流电输送方式也可采用三相五线制，即在三相四线制的基础上增加黄绿安全接地线。

三相交流电源给单相用电设备（如照明灯具、电热器等）供电时，单相用电设备应尽可能平均分配到三相电源上，确保三相交流电基本平衡，避免单相设备集中在其中一相或两相电源上造成三相不平衡，影响供电网络的正常使用。

【任务实施】

1）组织学生参观考察一个居民小区或观看一个生活小区的介绍片，重点关注小区公共照明的种类、功能、数量、功率等，并将照明灯具的规格型号及数量做好记录。

2）观察过程中注意寻找公共照明线路中存在的不安全因素，包括安装位置、安装方式、灯具选用等方面存在的问题，分析这种不安全因素可能出现的问题，提高电气作业人员的安全意识。

3）邀请居民小区维修电工手动操作公共照明控制电路，学生分组仔细观察了解小区公共照明的分类、分路控制形式，并听取工作人员的意见，为后续项目的实施做准备。

4）根据观察结果，填写表 4-1。

表 4-1 生活小区实地考察记录表

班级： 姓名： 组别：

<table>
<tr><td>小区名称</td><td colspan="2"></td><td>小区类别</td><td colspan="2"></td></tr>
<tr><td>住宅楼数量</td><td colspan="2"></td><td>最高楼层</td><td colspan="2"></td></tr>
<tr><td>住户数量</td><td colspan="2"></td><td>门卫数量</td><td colspan="2"></td></tr>
<tr><td rowspan="6">公共照明种类</td><td>种类名称</td><td>灯具数量</td><td colspan="2">每盏功率</td><td>分路数</td></tr>
<tr><td>1.</td><td></td><td colspan="2"></td><td></td></tr>
<tr><td>2.</td><td></td><td colspan="2"></td><td></td></tr>
<tr><td>3.</td><td></td><td colspan="2"></td><td></td></tr>
<tr><td>4.</td><td></td><td colspan="2"></td><td></td></tr>
<tr><td>5.</td><td></td><td colspan="2"></td><td></td></tr>
<tr><td colspan="5">公共照明集中控制位置数（控制设备安装在一个位置还是多个位置）</td><td></td></tr>
<tr><td>供电方式</td><td></td><td>敷设方式</td><td></td><td>控制方式</td><td>手动/自动</td></tr>
<tr><td colspan="6">小区公共照明用电安全情况描述</td></tr>
<tr><td colspan="6"></td></tr>
</table>

日期：

【任务评价】

根据表 4-2 的内容，结合学生任务完成情况，给每位学生一个评价意见。

表 4-2 综合评价表

任务名称： 班级： 姓名：

<table>
<tr><td colspan="5">任务评价</td></tr>
<tr><td>序号</td><td>工作内容</td><td>个人评价</td><td>小组评价</td><td>教师评价</td></tr>
<tr><td>1</td><td>观察记录生活小区公共照明分布</td><td></td><td></td><td></td></tr>
<tr><td>2</td><td>了解生活小区公共照明控制方式</td><td></td><td></td><td></td></tr>
<tr><td>3</td><td>观察记录生活小区公共照明的不安全因素</td><td></td><td></td><td></td></tr>
<tr><td></td><td>平均得分</td><td></td><td></td><td></td></tr>
<tr><td>问题记录和解决方法</td><td colspan="4">记录任务实施过程中出现的问题和采取的解决办法（可附页）</td></tr>
</table>

<table>
<tr><td colspan="4">能力评价</td></tr>
<tr><td colspan="2">内　容</td><td colspan="2">评　价</td></tr>
<tr><td>学习目标</td><td>评价项目</td><td>小组评价</td><td>教师评价</td></tr>
<tr><td rowspan="2">应知应会</td><td>学习三相交流电的基本知识</td><td>□Yes □No</td><td>□Yes □No</td></tr>
<tr><td>认真仔细观察小区公共照明情况</td><td>□Yes □No</td><td>□Yes □No</td></tr>
<tr><td rowspan="2">规范与安全</td><td>文明考察，安全有序</td><td>□Yes □No</td><td>□Yes □No</td></tr>
<tr><td>遵守电气作业规范，禁止随意操作</td><td>□Yes □No</td><td>□Yes □No</td></tr>
</table>

（续）

能力评价			
内　容		评　价	
学习目标	评价项目	小组评价	教师评价
通用能力	团队合作能力	□Yes　□No	□Yes　□No
	沟通协调能力	□Yes　□No	□Yes　□No
	解决问题能力	□Yes　□No	□Yes　□No
	自我管理能力	□Yes　□No	□Yes　□No
	创新能力	□Yes　□No	□Yes　□No
态度	爱岗敬业	□Yes　□No	□Yes　□No
	善于思考	□Yes　□No	□Yes　□No
	卫生态度	□Yes　□No	□Yes　□No
个人努力方向			
教师、同学建议			

【思考与练习】

1. 三相交流电是怎样产生的？简述其产生过程？
2. 三相交流电的输送方式如何？可同时输送几种电压？
3. 三相四线制供电线路中，U、V、W、N 相导线的颜色是否有规定？怎样规定？
4. 三相四线制供电线路中，单相用电器的接入有什么要求？
5. 三相四线制和三相五线制送电方式有什么区别？输送的电压是否一致？
6. 标注 PE 的导线是什么意思？国际标准规定 PE 导线用什么颜色？
7. 在你考察的居住小区中，属于公共照明的电路有哪几种？
8. 在你考察的居住小区公共照明线路中，哪些方面可以进一步改进？

任务二

【任务描述】

电路装接容量的估算及电器元件的选用是电气作业人员的必备技能，电路的合理配置及电器的合理选用，可大大提高电路的运行安全，提升电能的使用效率。

本任务根据实地考察获取的数据，经过必要的筛选整理，合理估算装接容量及干线和支路的导线规格，并根据实际使用要求和使用环境，合理选择电器元件的规格型号，最终达到掌握本项知识技能的目的。

【能力目标】

1）巩固导线安全载流量和典型电器工作电流估算等知识。

2）能正确筛选整理考察数据。

3）能根据考察数据科学估算小区公共照明的装接容量，正确选择导线的规格型号。

4）会根据不同的使用环境，合理选择公共照明灯具。

5）会根据实际情况编制公共照明配置方案。

【知识链接】

一、公共照明灯具

小区公共照明一般包括：楼道照明、道路照明、景观照明等，而景观照明包括建筑物夜景照明、道路景观照明、园林夜景照明、水景照明等。

楼道照明一般使用声光控开关或红外线带光控开关控制照明灯，声光控开关是指有一定声响时照明灯自动点亮，延时一段时间照明灯自动关闭，且白天有光照时开关不工作，光线较暗时工作，以此节省电能；红外线带光控开关是指人经过时照明灯自动点亮，延时一段时间照明灯关闭，光控功能与前者相同。楼道照明灯的电源一般直接取自大楼，不受门卫控制。声光控开关灯具如图 4-2 所示。

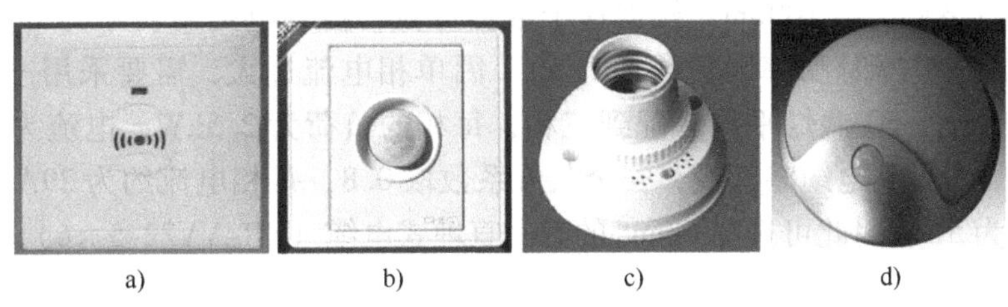

a)　b)　c)　d)

图 4-2　声光控开关灯具

a）声光控开关　b）红外线光控开关　c）声光控灯光　d）红外线光控灯

小区道路照明灯具与公路照明灯具有明显区别，小区道路照明灯具一般选用庭院灯，高度在 3 ~ 4m，功率在 150W 左右，庭院灯具有美化和装饰环境的作用，如图 4-3 所示。

图 4-3　庭院灯

景观照明在现代生活小区中被普遍使用，而且被重视程度越来越高。景观照明不但能起到照明的作用，还可以为人们提供幽雅、舒适的灯光环境，美化小区夜景，提升小区的品味，景观照明灯如图 4-4 所示。

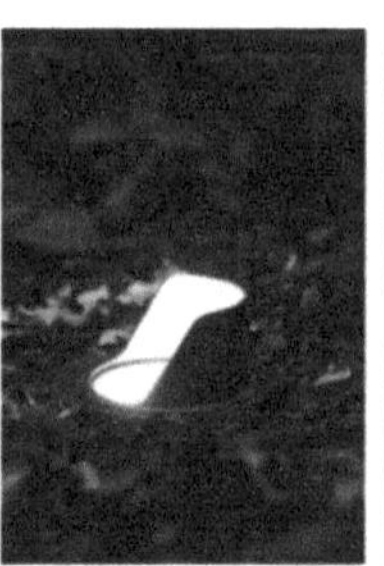

图 4-4 景观照明灯

二、线路导线的选用

公共照明线路的导线一般选用电缆，由于小区公共照明线路都比较长，因此导线载流量估算时，除考虑常规散热因素外，还应考虑线路的损耗。

某小区需要安装道路照明，选用 50 盏、150W 的高压汞灯（带电感整流器），每盏灯之间间隔 20m，线路总长约 1000m。根据这个数据计算，控制电路总功率为 7.5kW，电流为 68A（带电感式整流器时功率因数约为 0.5）。因单相电流过大，需要采用三相电源供电。根据线路平衡原则，50 盏灯平均分配到三相，每相的负荷为 2.5kW，电流为 2500/(220 × 0.5) = 23(A)。考虑到电缆暗敷设，安全载流系数取 0.8，每相电流约为 29A。10mm^2 以下导线安全载流为 5A，因此可选择 6mm^2 的五芯直埋式电缆（ZR-VV22-5 ×6）。

三、线路敷设

小区公共照明线路以地下暗敷设为主，电缆选用直埋式铠装电缆，可以有效减少外力对电缆的损伤，铠装电缆如图 4-5 所示。电缆的埋设深度应由地面至电缆外皮不得小于 0.7m，电缆外皮至地下建筑物的基础不得小于 0.3m，电缆与热力管道、煤气、石油管道接近时的净距不低于 2m，相互交叉时净距不得小于 0.5m；电缆与树木主干的距离不得小于 0.7m。直埋电缆沟内不得有石块等其他硬物杂质，否则应铺设 100mm 厚的软土或沙层。电缆敷设后上面再铺设 100mm 厚的软土或沙层，然后覆盖混凝土保护板或砖，覆盖的宽度应超出电缆两侧各 50mm。直埋电缆在进入手孔井、人孔井、控制箱和配电室时应穿在保护管中，且管口应做防水堵头。电缆从地下引出地面时，地面上应加一段 2.5m 的保护管，管根部应伸入地下 0.2m，保护管须固定牢靠。

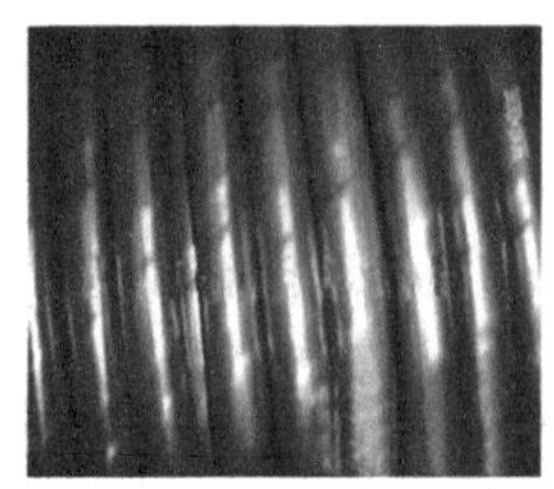

图 4-5 铠装电缆

四、住宅小区公共照明安全规范要求

住宅小区公共照明灯具一般为室外的金属灯杆及灯具构件，这些灯杆、灯具外壳、配电及控制箱等外漏可导电部分都应进行保护接地。由于住宅小区的公共照明处于室外公共场所，且易受天气、人为等各种因素的影响，基本不具备等电位连接条件，因此住宅小区公共照明应采用 TT 接地系统，同时设有漏电保护。若采用 TN－S 接地系统，当某个电气设备发生单相碰壳故障，而故障回路又不能即时切除时，则 PE 线上就会带危险电压，此时室外灯具外壳或金属支架与 PE 线相连，就会造成室外灯具外壳或金属支架上也会带危险电压。当采用 TT 接地系统，由于电源地和室外灯具外壳接地是分开的，PE 线不相通，可以保证室外故障不会沿着 PE 线互串，避免此类故障的发生。在住宅小区公共照明线路中，由于配电线路较长，截面较小，接地故障电流往往不足以使过电流保护器动作，因此，比较可行的做法是，在路灯配电出线端装设剩余电流断路器，当发生接地故障时可用于断开配电回路或报警，剩余电流断路器的动作电流应大于照明线路正常的泄漏电流，建议取 30～100mA。

【任务实施】

一、根据考察数据，确定供电方式及分路控制方案

本任务考虑的公共照明内容主要是小区道路照明。根据前面学到的知识首先确定装接容量、供电方式（单相或三相）；然后根据小区具体情况确定分路控制方案。

二、估算各路照明线路的功率，选择导线的规格型号

根据分路方案，计算各路照明线路的装接容量，选择电缆的规格型号，并将表 4-3 填写完整。

表 4-3　考察数据记录表

姓名：　　　　　　　　班级：　　　　　　　　组别：

小区名称	明珠花苑	建筑面积	300000m^2	性质	普通住宅
小区干道数	3 条	分布形式	门卫左中右各一条往内延伸		
庭院灯总数	240 盏	光源	自汞灯	功率	200W
分路数	6 路	每路总功率		每路电流	
导线载流量		导线面积		导线型号	ZR-VV22
导线规格			导线选型		
敷设方法			埋设深度		
路边间距			垫层材料		
垫层要求					
盖板要求					
灯座处预留长度			灯具间隔	6m	
门卫距每条道路第一个灯		15m	电缆长度		

三、编写线路敷设施工方案

根据施工环境和灯具分布情况，确定线路走向及敷设要求，简单编写施工方案。

【任务评价】

根据表 4-4 内容，结合学生任务完成情况，给每位学生一个评价意见。

表 4-4　综合评价表

任务名称：　　　　　　　　　　　　班级：　　　　　姓名：

任务评价				
序号	工作内容	个人评价	小组评价	教师评价
1	根据考察结果，确定供电及控制方式			
2	估算装接容量，合理选择导线规格型号			
3	编写线路敷设工作方案			
	平均得分			
问题记录和解决方法	记录任务实施过程中出现的问题和采取的解决办法（可附页）			

能力评价			
内　　容		评　　价	
学习目标	评价项目	小组评价	教师评价
应知应会	线路装接容量的估算方法	□Yes　□No	□Yes　□No
	会选择导线规格型号	□Yes　□No	□Yes　□No
规范与安全	根据用电规范，合理规划	□Yes　□No	□Yes　□No
通用能力	团队合作能力	□Yes　□No	□Yes　□No
	沟通协调能力	□Yes　□No	□Yes　□No
	解决问题能力	□Yes　□No	□Yes　□No
	自我管理能力	□Yes　□No	□Yes　□No
	创新能力	□Yes　□No	□Yes　□No
态度	爱岗敬业	□Yes　□No	□Yes　□No
	善于思考	□Yes　□No	□Yes　□No
	卫生态度	□Yes　□No	□Yes　□No
个人努力方向			
教师、同学建议			

【思考与练习】

1. 小区公共照明一般包含哪些内容？
2. 楼道照明用灯具一般选用哪几种？有什么控制特点？
3. 若一个楼道的声光控照明灯白天也可以点亮，估计这个灯具发生了什么故障？
4. 在敷设小区道路照明电缆时，电缆的埋设深度一般为多少？
5. 铠装电缆有钢带保护，所以在敷设时，不需要采用垫黄沙、盖盖板等保护措施。你

认为这样的施工正确吗？为什么？

6. 某小区需要安装200W的路灯120个，分三路控制，请选择电缆的规格？

7. 小区公共照明线路为什么要使用TT接地系统？

任务三　小区照明控制箱的设计

【任务描述】

不同规模的生活小区，公共照明的种类及装接容量各不相同，电气设计与安装人员都要根据实际情况进行设计和施工，满足小区公共照明的需要。本任务是根据某小区的实际情况，为该小区设计制作一个照明控制箱。控制箱电源选用三相四线制，需要控制的对象是两路道路照明（3kW×2）、一路草坪照明（2.5kW）和一路背景照明（1.5kW），采用小型空气断路器直接控制。

【能力目标】

1）掌握三相电源的绘制及标注方法。

2）能根据实际控制需要绘制电气系统图，并规范标记。

3）会根据控制系统的原理，绘制电气接线图。

4）能根据设备的实际外形结构，合理布置电器元件，并正确绘制接线图。

【知识链接】

一、认识断路器

断路器又称自动空气开关，在电气线路中起接通、分断和承载额定工作电流的作用，并能在线路和电动机发生过载、短路、欠电压的情况下进行可靠的保护。

在三相供电线路中，经常选用断路器作为电源开关。选用时应特别注意电路的装接容量，DZ系列三相断路器如图4-6所示。

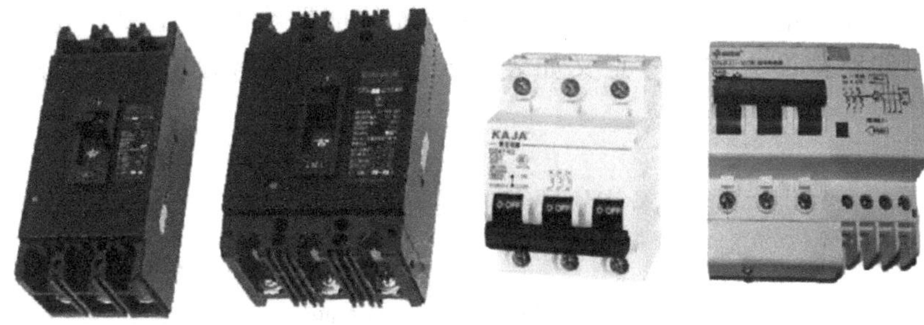

图4-6　DZ系列三相断路器

在单相照明线路中，常选用2P或1P的小型断路器作为照明控制开关。DZ系列单相小型断路器如图4-7所示。

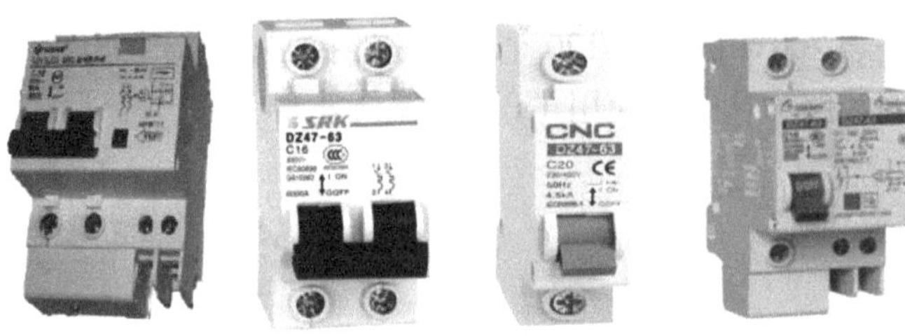

图 4-7　DZ 系列单相小型断路器

以上是比较常见的几种断路器，在实际使用中，可根据控制容量、控制要求、安装位置等不同条件，查询相关参数，合理选择低压电器，确保线路运行安全可靠。

DZ 系列断路器型号识别如图 4-8 所示。

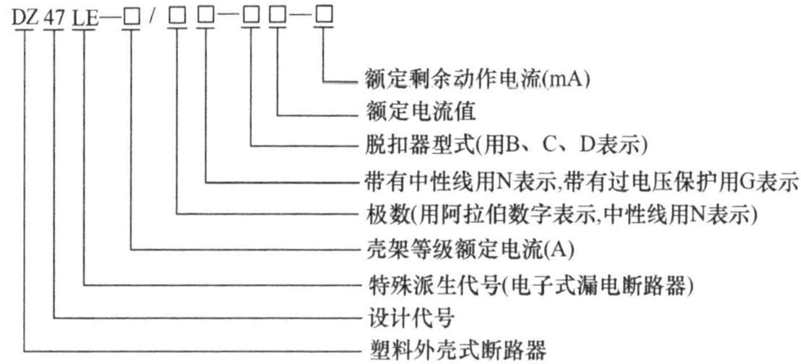

图 4-8　DZ 系列断路器型号

说明：瞬时脱扣器型式有 B 型（3-5ln）、C 型（5-10ln）和 D 型（10-14ln），照明线路一般选用 C 型，动力线路一般选择 D 型。

二、电气系统图

电气系统图是指用单线图表示电能或电信号按回路分配出去的图样，主要用于表示各个回路的名称、用途、容量以及主要电气设备、开关元件及导线电缆的规格型号等，如图 4-9 所示。通过电气系统图可以知道该系统的回路个数及主要用电设备的容量、控制方法等。线路敷设方式符号意义如表 4-6 所示，线路敷设部位符号意义如表 4-7 所示。

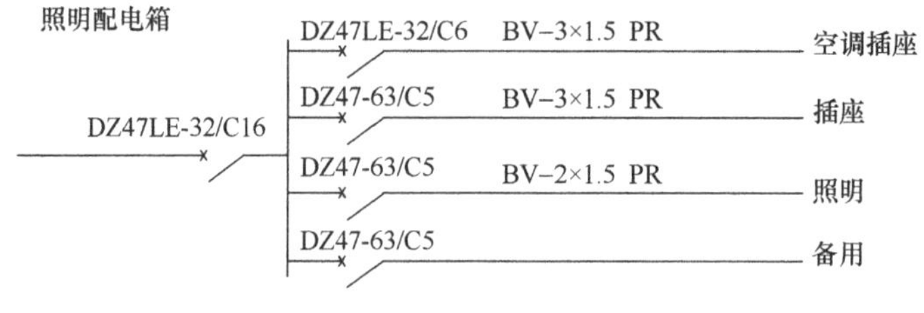

图 4-9　照明线路系统图

表 4-5　线路敷设方式符号意义

符　号	说　明	符　号	说　明
PC	穿硬质塑料管敷设	PVC	穿阻燃硬塑料管敷设
FPC	穿阻燃半硬塑料管敷设	TC	电线管（薄壁钢管）配线
SC	焊接钢管配线	PR	用塑料线槽敷设
MR	用金属线槽敷设	CP	用金属软管敷设
CT	用电缆桥架（或托盘）敷设		

表 4-6　线路敷设部位符号意义

符　号	说　明	符　号	说　明
WE	沿墙明敷设	CLE	沿柱明敷设
CE	沿顶棚明敷设	ACE	在能进入的吊顶内敷设
BC	暗敷在梁内	CLC	暗敷在柱内
CC	暗敷在屋面内板或订板内	WC	暗敷在墙内
FC	暗敷在地面内或地板内	ACC	暗敷在不能进入的吊顶内

线路文字标注格式如图 4-10 所示。

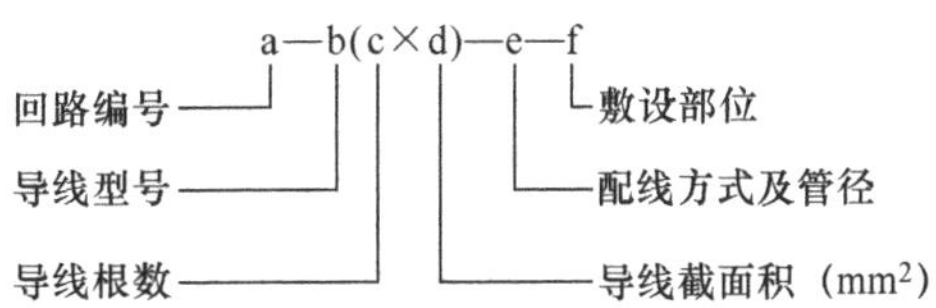

图 4-10　线路文字符号标注格式

例如：① W1—BV(3×4)—PVC25—WC

含义：W1 回路采用三根截面积为 4mm² 的铜芯聚氯乙烯绝缘线，穿直径为 25mm 的阻燃硬塑料管，沿墙暗敷。

② BV(3×50+2×35)—SC50—FC

含义：回路采用三根 50mm² 和 2 根 35mm² 的铜芯聚氯乙烯绝缘线，穿直径为 50mm 的焊接钢管暗敷在地面（或地板）内。

三、电气接线图

电气接线图是根据电气设备和电器元件的实际位置和安装情况绘制的，只用来表示电气设备和电器元件的位置、配线方式和接线方式，而不明显表示电气动作原理。电气接线图主要用于安装接线、线路的检修和故障处理。

在较为简单的电路中，可在分布图中画出实际的连接线，并标注对应线号形成电气接线图，如图 4-11 所示。在电器元件较多、线路比较复杂的情况下，可采用二维标注法绘制电气接线图，如图 4-12 所示。

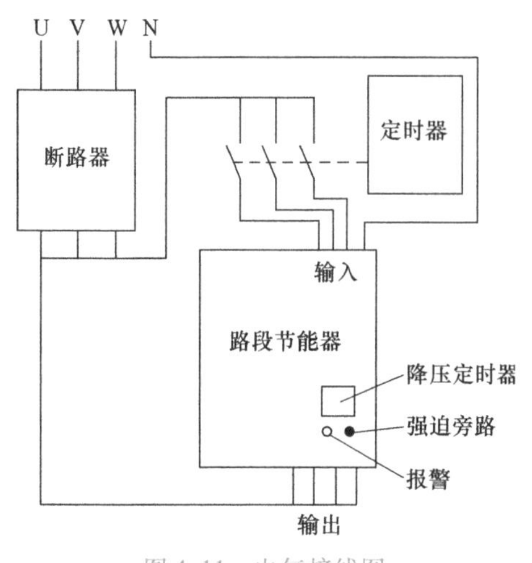

图 4-11　电气接线图

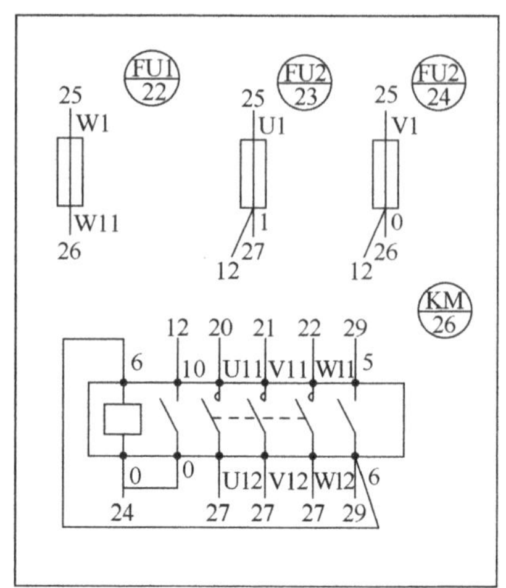

图 4-12　二维标注法

【任务实施】

一、识读与绘制照明控制箱线路原理图

线路中配置 4 个 220V 信号灯，用于显示四路公共照明的工作情况。将原理图绘制在标准的 4#图样上，并仔细填写标题栏内容。参考照明控制箱原理图如图 4-13 所示。

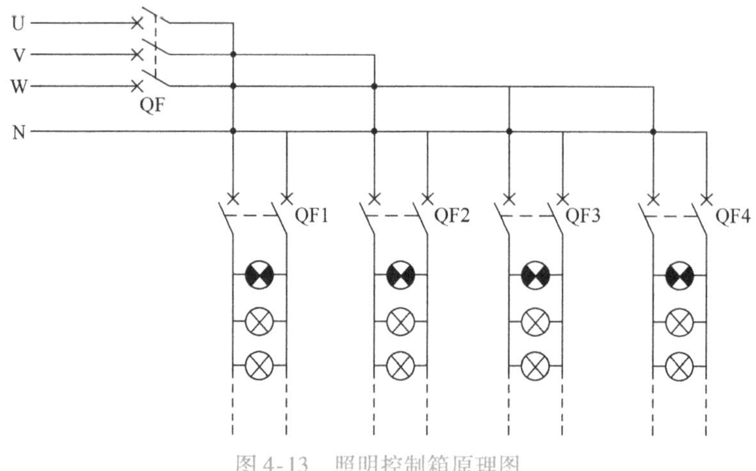

图 4-13　照明控制箱原理图

二、系统图的绘制

根据线路的实际情况，绘制照明控制箱系统图，并标注电线及断路器规格型号。将系统图绘制在标准的 4#图样上，并仔细填写标题栏内容。参考控制箱系统图如图 4-14 所示。

三、接线图的绘制

根据箱体尺寸及电器元件的实际尺寸，合理分布电器元件，并正确绘制接线图。将接线图绘制在标准的 4#图纸上，并仔细填写标题栏内容，参考电气接线图如图 4-15 所示。

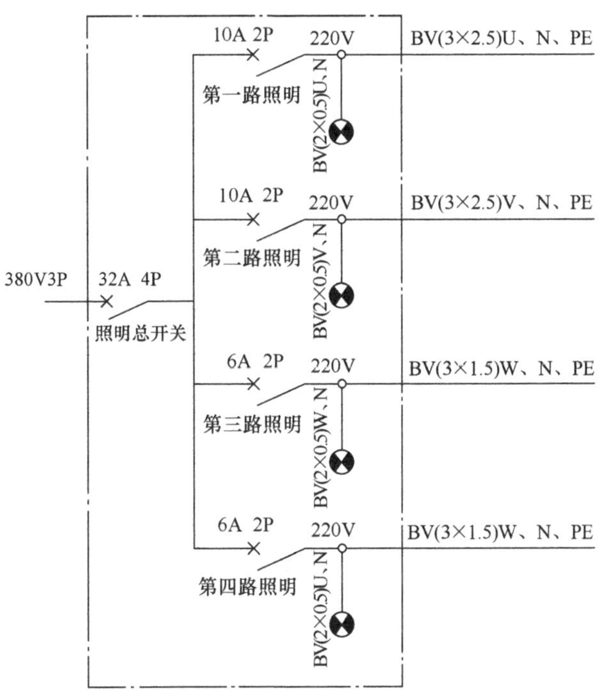

图 4-14　控制箱系统图

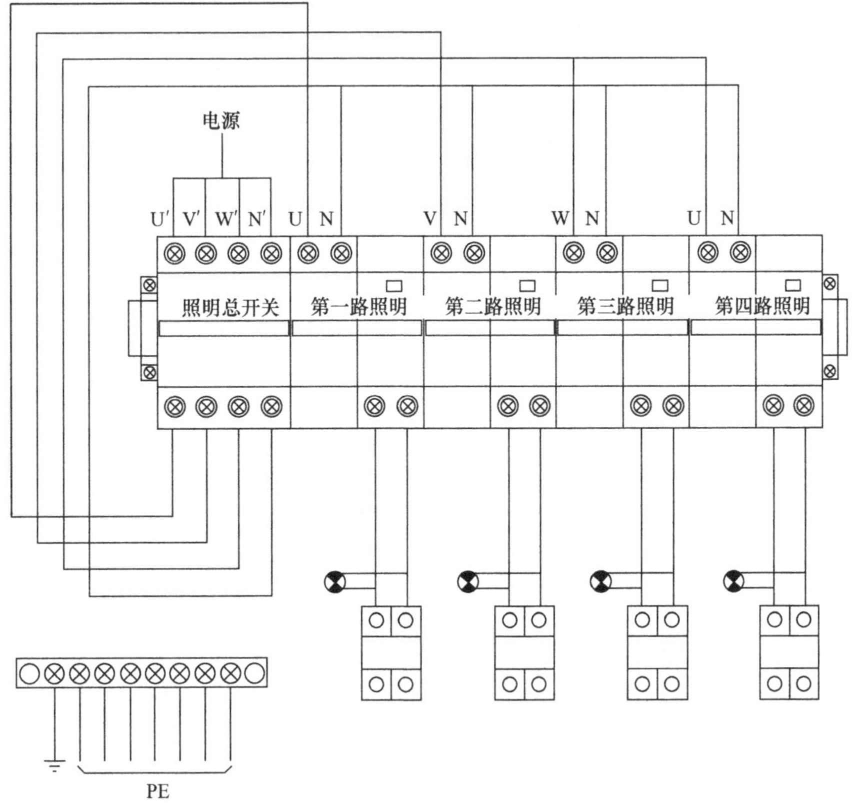

图 4-15　电气接线图

【任务评价】

根据表 4-7 的内容，结合学生任务完成情况，给每位学生一个评价意见。

表 4-7　综合评价表

任务名称：　　　　　　　　　　　　班级：　　　　姓名：

任务评价				
序号	工作内容	个人评价	小组评价	教师评价
1	识读与绘制照明控制箱电路原理图			
2	系统图的绘制			
3	接线图的绘制			
	平均得分			
问题记录和解决方法	记录任务实施过程中出现的问题和采取的解决办法（可附页）			

能力评价			
内　容		评　价	
学习目标	评价项目	小组评价	教师评价
应知应会	能正确估算导线安全载流量	□Yes　□No	□Yes　□No
	能正确选择断路器	□Yes　□No	□Yes　□No
	能正确标注图纸相关参数	□Yes　□No	□Yes　□No
	能正确填写图纸标题栏	□Yes　□No	□Yes　□No
通用能力	团队合作能力	□Yes　□No	□Yes　□No
	沟通协调能力	□Yes　□No	□Yes　□No
	解决问题能力	□Yes　□No	□Yes　□No
	自我管理能力	□Yes　□No	□Yes　□No
	创新能力	□Yes　□No	□Yes　□No
态度	爱岗敬业	□Yes　□No	□Yes　□No
	善于思考	□Yes　□No	□Yes　□No
	卫生态度	□Yes　□No	□Yes　□No
个人努力方向			
教师、同学建议			

【思考与练习】

1. 单相负荷连接于三相电源时应遵循什么原则？
2. 空气断路器的主要功能有哪些？
3. DZ47LE-32/C16 的含义是什么？
4. 系统图中导线上标注为 BV（3×2.5）A、N、PE 是什么含义？
5. 系统接线图是否按照元器件实际位置绘制？
6. 控制箱箱门上指示灯与控制板电器元件连接时，一般应选用什么导线？

任务四　小区照明控制箱的制作

【任务描述】

小区公共照明控制箱是公共照明设施的重要组成部分，可以直接用来控制照明设备，装接容量大，控制要求高，并逐步向自动控制和智能控制方向发展。小区公共照明控制箱一般由专业厂家生产，其性能指标应符合国家相关质量标准。

照明控制箱的制作过程即为一个产品的生产过程，因此，除正确连接电路实现控制要求外，还应注重产品的生产工艺，严格把控产品质量，确保出厂的产品达到行业规范要求。

【能力目标】

1）能熟练使用相关电工器材。

2）能合理选择和布置相关元器件。

3）会正确固定元器件，合理选用相关附件。

4）会根据安装工艺连接电路。

5）会正确调试照明控制箱，并能熟练排除常见故障。

【知识链接】

一、照明控制箱常用电工器材

用于照明控制箱生产的电工器材种类多、变化快、质量差异大，作为电气作业人员应及时了解电气市场的产品动态，准确区分电工器材质量，为科学合理选择电工器材，提高产品质量创造条件，相关电工器材对照表见表4-8。

表4-8　电工器材对照表

名称	电气控制箱	名称	电箱底板	名称	空气断路器
型号	金属明箱	型号	钢板	型号	DZ47—63
规格	500mm×700mm×200mm	规格	620mm×460mm	规格	C32

（续）

名称	漏电断路器	名称	LED 信号灯	名称	零排/地排
型号	RDX30LE	型号	AD56—22DS	型号	
规格	C6/C10	规格	220V　Φ22	规格	3mm×25mm×5mm　5孔

名称	接线端子	名称	电气导轨	名称	编织线
型号	TB—2506/TB—2510	型号	TS35/7.5/1.0	型号	TZ
规格	6 芯/10 芯	规格		规格	$6mm^2$ 裸铜
		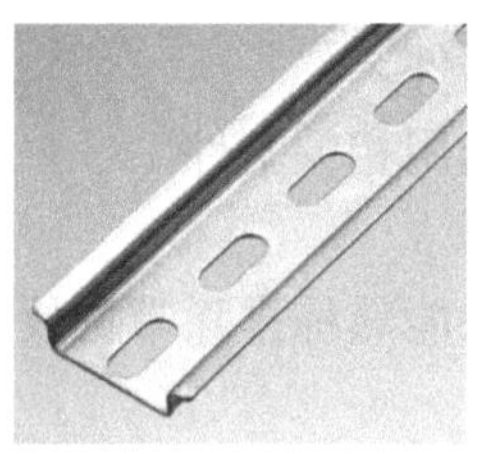			
名称	编织线	名称	铜导线	名称	尼龙扎带
型号	TZX	型号	BV	型号	止退式
规格	$6mm^2$ 镀锡	规格	$1.5mm^2/2.5mm^2$	规格	3～8 系列
		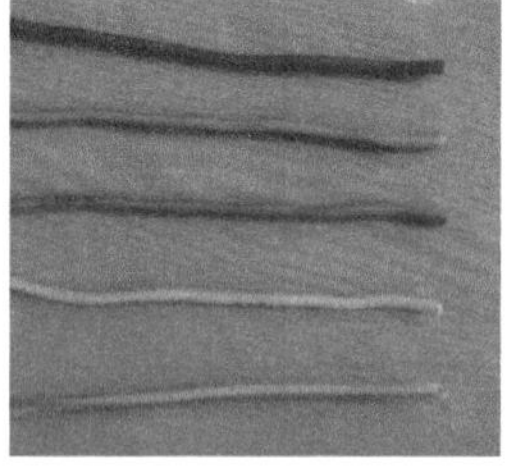			
名称	定位片	名称	缠绕管	名称	冷压接线端头
型号	自粘式	型号	PE	型号	OT
规格	25mm×25mm	规格	4mm	规格	OT/6—8
		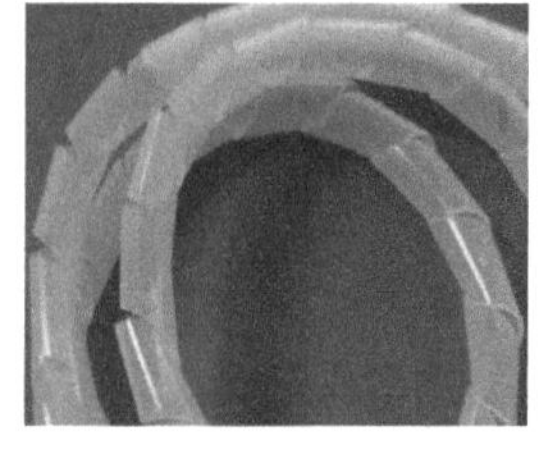		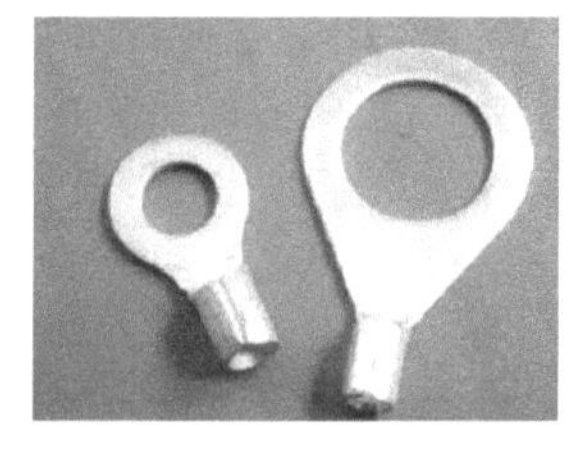	

二、照明控制箱制作规范

照明控制箱大部分采用 2.5 ~ 6mm^2 单芯硬线明敷设，生产的控制箱不但要连接牢固，安全可靠，同时要求器件安装和导线敷设整齐美观，成品控制箱如图 4-16 所示。

图 4-16　成品控制箱

【任务实施】

一、控制箱制作规范

1）元器件安装时必须按图样安装，排列整齐美观，元器件端正，无松动歪斜。

2）控制箱内的元器件应根据图样进行标识，要求清晰醒目。安装于面板门板上的元器件，其标号应粘贴在其下方。

3）控制箱内的接地线保持连续、有效。门上的接地处要加垫圈，防止接触不良，而且接地线要尽量短，接地线选用截面积为 2.5mm^2 的铜导线。

4）安装不耐振的元器件时，在元器件和安装板之间需要增加橡胶垫减震。

5）二次线的连接应牢固可靠，线束横平竖直，层次分明，整齐美观，最好使用尼龙带绑扎成束。两接线端子间配线要留有余量（多出 50mm），不宜过长，所有导线中间不应有接头和导线因破损裸露的现象。

6）各元器件的每个接点最多允许接两根导线。若特殊需要有连接两根导线的接点，必须连接牢固。

7）不等截面的两根导线严禁压在一个接线端子上。

8）剖削导线绝缘层时，使用专用的剥线钳，不得损坏线芯。导线的剥线长度为7～10mm，导线应插入接线口底部，紧固时不要压住导线绝缘层。

9）根据图样标明的数字打印号码管，其长度保持一致，号码管套在导线的两端，数字或字母应排列整齐清晰可见，便于查看检修。

10）动力线应全部采用O型端子固定，控制线及信号线采用U型端子压接，防止松动脱落造成危险。

11）控制箱内三相电源配线颜色规定为：U、V、W相分别使用黄色、绿色和红色，零线或中性线使用淡蓝色，接地线使用黄绿双色。

12）接线完毕后应对照图样自检，无误后将柜内清洁干净。

二、元器件的选择

根据绘制的相关图样，结合安装的实际情况，将所需元器件及相关配件填入领料单，如表4-9所示，并根据领料单到仓库领取相关物品。填写领料单应考虑周全，尽量减少领料次数。

表4-9　领料单

产品名称：

班级：　　　　　　　　　　　姓名：　　　　　　　　　　　组别：

序号	元器件名称	型号规格	数量	备注
1				
2				
3				
4				
5				
6				
7				
8				
9				
10				
11				
12				
13				
14				
15				
16				
17				
18				
19				
20				

三、元器件的固定

元器件固定方式有直接安装式和轨道式两种。由于轨道式安装与拆卸方便，目前小功率元器件大部分采用这种安装方式。

元器件安装轨道一般为长条形，用户可根据需要自行截取。截取轨道时，应充分考虑元器件之间的间隙及安装空间大小，太长会影响周边元器件的安装，太短则使两侧的元器件不能完全固定，影响设备的正常使用。

固定箱门上的指示灯时应注意接线柱的方向，便于导线连接及捆扎。由于用于固定指示灯的螺钉大多为塑料件，固定时用力应得当，防止损坏元器件。

在底板打孔、轨道截取等钳工作业过程中，应严格遵循操作规程，注意安全，文明生产。

四、电路的连接

首先进行控制板电路的连接。根据三相交流电导线颜色的划分，选择对应颜色的导线进行电路的连接。为使制作的控制箱美观牢固，连接电路前先要将导线拉直，此项工作需要两位同学协作完成。根据电路的特点，每个固定导线的螺钉必须拧紧，防止因接触不良造成导线发热而损坏。

然后进行指示灯电路的连接与捆扎。连接指示灯与主控电路的导线采用 $0.5mm^2$ 的多股软线，连接电路时应考虑导线的余量，确保箱门开关自如。连接好的导线需要进行捆扎，捆扎时必须将导线整理整齐，线路走向一致，导线长度统一，捆扎后的线束应加以固定。

五、控制箱调试与检验

电路连接完成后，应仔细检查电路的连接是否正确，导线的连接是否牢固可靠。在确定无误的情况下进行通电调试，观察指示灯工作情况是否与实际控制情况相匹配，同时用万用表测量电路是否正常工作。

调试完成后，根据产品质量要求进行检验，并填写检验报告，如表 4-10 所示。检验可通过小组之间的互检完成。

表 4-10　检验报告

产品名称：公共照明控制箱

产品编号：ZMX-1

需求方：××房地产公司

序号	检验项目	技术要求	检验结果	检验员
1	外观检查	铭牌、布线方案正确，布线美观、箱体涂层无缺陷、无锈蚀		
2	机械特性和操作试验	手动操作 5 次，开关应分合清晰无卡滞现象		
3	线号标识	各相色标清晰、号码清晰		
4	效应对应性	各对应功能正确		

（续）

序号	检验项目	技术要求	检验结果	检验员
5	主回路电阻测量	2MΩ 以上		
6	接地检查	正确性、合理性、安全性、接地标志		
7	结论、备注	符合标准，准予出厂		

检验日期：　　　　　　　　　　　　　　检验主管：

六、典型故障与检修

由于照明控制箱电路比较简单，高质量的控制箱故障相对较少。随着使用时间的增加，也会出现一些故障。作为一名专业检修人员，应具备快速诊断故障，并能及时维修的能力，保证设备的正常工作。照明控制箱常见故障有：

1. 电源总开关跳闸

故障原因一：外电路有短路现象。一般情况下，出现短路故障的某分路开关也会跳闸。

处理方法：首先将有短路故障的分路开关断开，然后闭合总开关，若不跳闸，则确定该分路电路短路。若分路开关未发现跳闸，则断开全部分路开关后合上总开关，然后再逐一合上分路开关，当合上某路开关时出现跳闸，则可以判定该分路电路短路。确定短路故障后，检查该分电路及相关灯具，排除故障。

故障原因二：空气断路器上的脱扣器损坏。

处理方法：首先将分路开关全部断开，然后闭合总开关，若此时断路器仍跳闸，则可以判定脱扣器损坏，此时需要更换空气断路器。

2. 某分路开关跳闸

故障原因：该分路外电路短路或分路开关脱扣器损坏。

处理方法：首先判断是短路故障还是分路开关脱扣器故障。可先将该分路的负载断开，然后闭合分路开关，此时若仍出现跳闸现象，可以判定分路开关脱扣器损坏，需要整体更换分路开关。若断开负载后，分路开关不跳闸，则是外电路短路故障，此时可借助仪表测量该分路的供电线路及灯具，最后找到短路点，排除故障。

3. 电路有焦味并发现个别连接点烧焦发黑

故障原因：电路连接点的螺钉没有拧紧或电路连接不良。

处理方法：检查确定连接不良点，若连接处未被烧焦变形，则可断开电路，用工具清除导线过热后产生的氧化层，再接上导线，拧紧螺钉即可修复；若烧焦变形严重，则需要更换电器元件，并清除导线氧化层，然后重新连接，拧紧螺钉或连接牢固。

【任务评价】

根据表 4-11 的内容，结合学生任务完成情况，给每位学生一个评价意见。

表 4-11　综合评价表

任务名称：　　　　　　　　　　　　　班级：　　　　　姓名：

任务评价				
序号	工作内容	个人评价	小组评价	教师评价
1	元器件的选择，正确填写领料单			
2	元器件的固定，牢固美观			
3	电路的连接，正确规范			
4	控制箱调试与检验，仔细周全			
5	典型故障与检修，快速有效			
	平均得分			
问题记录和解决方法	记录任务实施过程中出现的问题和采取的解决办法（可附页）			

能力评价			
内　容		评　价	
学习目标	评价项目	小组评价	教师评价
应知应会	能正确选择元器件及辅材	□Yes　□No	□Yes　□No
	能正确安装固定元器件	□Yes　□No	□Yes　□No
	能正确连接电路	□Yes　□No	□Yes　□No
	能规范调试及故障排除	□Yes　□No	□Yes　□No
规范与安全	安全施工，文明生产	□Yes　□No	□Yes　□No
	执行规范，提升质量	□Yes　□No	□Yes　□No
通用能力	团队合作能力	□Yes　□No	□Yes　□No
	沟通协调能力	□Yes　□No	□Yes　□No
	解决问题能力	□Yes　□No	□Yes　□No
	自我管理能力	□Yes　□No	□Yes　□No
	创新能力	□Yes　□No	□Yes　□No
态度	爱岗敬业	□Yes　□No	□Yes　□No
	善于思考	□Yes　□No	□Yes　□No
	卫生态度	□Yes　□No	□Yes　□No
个人努力方向			
教师、同学建议			

【思考与练习】

1. 根据电路原理，照明控制箱箱门信号灯的额定电压是多少？若改用 24V 信号灯，电路应如何修改？

2. 照明控制箱箱门电器与主控制板之间的连接线为多长合适？导线应选择什么规格型号？

3. 怎样区分空气断路器脱扣器损坏与外电路短路？

4. 开关与导线连接处接触不良会造成什么后果？

5. 照明控制箱电路比较简单，所以不需要接地。请问这样的说法正确吗？为什么？

参考文献

[1] 谢秀辉. 电气照明技术［M］. 2版. 北京：中国电力出版社，2009.
[2] 钱晓龙. 电工电子实训教程［M］. 北京：机械工业出版社，2009.
[3] 俞丽华. 电气照明［M］. 3版. 上海：同济大学出版社，2011.
[4] 杨玲. 照明系统安装与维修［M］. 北京：高等教育出版社，2009.